OPUSCULES
ENTOMOLOGIQUES

PAR

E. MULSANT,

Sous - Bibliothécaire de la ville de Lyon,
Professeur d'Histoire naturelle au Lycée ,
Membre de l'Académie des sciences, belles-lettres et arts ,
des Sociétés d'Agriculture , Linnéenne , et Littéraire de la même ville ;
Membre honoraire de la Société Entomologique de Stettin ,
Correspondant des Sociétés des Sciences de Lille, des Naturalistes de Moscou,
de Halle , de Basle , d'Altenbourg, etc., etc.

SIXIÈME CAHIER.

PARIS.

L. MAISON, LIBRAIRE, RUE DE TOURNON, 17.

1855.

OPUSCULES

ENTOMOLOGIQUES.

Lyon. — Imp. de F. Dumoulin, rue Centrale 20

LOUISE CAROLINE D'AUMONT

Née à Hancourt, (Marne) le 15 Septembre 1827

Décédée à Toulon, (Var) le 19 Août 1853

OPUSCULES
ENTOMOLOGIQUES

PAR

E. MULSANT,

Sous - Bibliothécaire de la ville de Lyon,
Professeur d'Histoire naturelle au Lycée,
Membre de l'Académie des sciences, belles-lettres et arts,
des Sociétés d'Agriculture, Linnéenne, et Littéraire de la même ville;
Membre honoraire de la Société Entomologique de Stettin,
Correspondant des Sociétés des Sciences de Lille, des Naturalistes de Moscou,
de Halle, de Basle, d'Altenbourg, etc., etc.

SIXIÈME CAHIER.

PARIS.

L. MAISON, LIBRAIRE, RUE DE TOURNON, 17.

—

1855.

1860

A MONSIEUR CHARLES LEVAILLANT,

GÉNÉRAL DE DIVISION,

COMMANDANT DE LA 2ᵉ DIVISION DU 1ᵉʳ CORPS D'ARMÉE D'ORIENT,

GRAND OFFICIER DE LA LÉGION-D'HONNEUR,

GRAND CORDON DE L'ORDRE DE SAINT-GRÉGOIRE-LE-GRAND,

CHEVALIER DE 2ᵉ CLASSE DE LA COURONNE DE CHÊNE DE HOLLANDE,

ET DE L'ORDRE DE MÉDJIDIÉ DE 2ᵉ CLASSE, ETC.

Monsieur le général,

En vous élevant par vos talents et par votre valeur aux premiers rangs de nos dignités militaires, vous avez su, par un heureux privilége, vouer à l'histoire naturelle un culte éclairé et j'allais dire héréditaire. Tout le monde sait la part que vous avez prise aux conquêtes pacifiques faites par cette science, dans l'Algérie, qui était en même temps le théâtre de vos exploits. Vous aurez ainsi, sous un double rapport, laissé un nom glorieux dans cette Afrique, dont feu votre père a osé, le premier, explorer les solitudes méridionales. Dans

tous les lieux que vous avez parcourus depuis, vous avez acquis,
comme militaire , de nouveaux droits à notre admiration , comme
naturaliste, de nouveaux titres à notre gratitude. Cet opuscule, que
j'ose vous dédier, en fournirait au besoin des preuves aux Entomologistes. En vous l'offrant, je ne fais que vous rendre ce qui vous
est dû. Permettez-moi de joindre à cet hommage l'assurance des
sentiments profonds de respect, avec lesquels je suis,

Monsieur le général,

votre tout dévoué serviteur,

E. MULSANT.

Lyon, le 16 décembre 1855.

TABLE DES MATIÈRES.

FIN DE LA TABLE.

DESCRIPTION

DE

QUELQUES COLÉOPTÈRES

NOUVEAUX OU PEU CONNUS,

PAR

E. MULSANT et GODARD.

(Présentée à la Société Linnéenne de Lyon, le 12 juin 1854.)

Ceratophyus lævipennis.

D'un noir luisant ou brillant. Epistome obtus en devant. Prothorax élargi jusqu'au tiers ou aux deux cinquièmes, un peu anguleux dans ce point, presque parallèle ensuite ; en ligne presque droite (♀) ou bissubsinueuse (♂) à la base, avec la partie médiaire un peu moins prolongée en arrière que les angles. Elytres de trois huitièmes plus longues que le prothorax ; offrant sur leurs deux tiers internes, des stries légères, indistinctes postérieurement. Intervalles lisses et luisants. Eperon des jambes de devant presque droit.

♂. Prothorax armé en devant de trois cornes : l'intermédiaire courte : les latérales ordinairement un peu plus avancées que la tête ; arrondi à ses angles de devant ; lisse en dessus.

♀. Prothorax tronqué ou à peine échancré en arc faible, en devant ; offrant, au dessus du tiers médiaire de son bord

antérieur, une troncature ou un rebord peu élevé ; armé
d'une dent entre cette troncature et les angles de devant qui
sont également en forme de dent ; ponctué en dessus, avec la
partie longitudinale médiaire lisse.

♂. *Etat paraissant normal.* Prothorax tronqué ou faiblement échancré en arc, en devant ; arrondi à ses angles antérieurs ; muni un peu au dessus du milieu de son bord antérieur
d'une corne courte, presque horizontale ; armé au dessus de
chacun des angles de devant d'une corne presque horizontale
ou plutôt légèrement relevée, un peu plus longuement prolongée que la tête, graduellement et faiblement rétrécie d'arrière
en avant ; offrant une dent dirigée en haut, vers son quart
antérieur ou un peu plus ; échancré en dessus entre cette
dent et l'extrémité. Epistome ponctué.

♀. *Etat normal.* Prothorax faiblement échancré en arc, en
devant ; à angles antérieurs avancés en forme de dent extérieurement courbée ; ruguleux et couvert sur les côtés de
points confluents, marqué ensuite de points peu rapprochés
qui se rappetissent sur les parties plus internes du disque,
lisse sur la partie longitudinalement médiaire, et d'une manière graduellement plus large d'avant en arrière ; subconvexement déclive en devant ; perpendiculairement coupé au
dessus du tiers médiaire de son bord antérieur, rebordé à
cette troncature ; comme creusé d'une fossette aux extrémités
latérales de celle-ci ; armé d'une dent intermédiaire entre
chaque extrémité de la troncature et celle des angles de
devant, et aussi distante du bord antérieur que de ces derniers. Epistome rugueux.

Long. 0,0180 à 0,0191 (8 à 8 1/2 l.). Long 0,0100 (4 1/2 l.).

Corps oblong ; d'un noir luisant ou brillant, en dessus.
Epistome émoussé à son angle de devant ; formant avec le

front un losange relevé en rebord tranchant, et en forme de dent à chacun de ses angles du milieu ; chargé sur son disque d'une courte carène ou d'un tubercule comprimé plus ou moins saillant. *Palpes* et *antennes* noirs, avec l'extrémité des articles souvent ferrugineuse : massue de celles-ci, brune. *Prothorax* élargi jusqu'aux tiers (♂) ou aux deux cinquièmes ou trois septièmes (♀) de sa longueur, offrant dans ce point un angle obtus (♂) ou prononcé (♀) ; presque parallèle ou faiblement rétréci ensuite jusqu'aux angles postérieurs ; en ligne presque droite ou plutôt faiblement arquée en devant, sur les deux tiers médiaires de sa base (♀) : légèrement bissinué sur cette partie (♂) ; cilié et relevé sur les côtés en un rebord formant une gouttière étroite ; rebordé à la base ; plus d'une fois plus large que long. *Ecusson* en triangle près d'une fois plus large que long ; à côtés curvilignes ; lisse. *Elytres* à peine aussi larges au devant que le prothorax à ses angles postérieurs ; longues de quatre lignes quand il n'en a que deux et demie ; presque parallèles jusqu'aux trois cinquièmes, arrondies postérieurement ; très-médiocrement convexes sur le dos, convexement déclives sur les côtés ; offrant sur leurs deux tiers internes huit ou neuf stries, graduellement plus faibles d'avant en arrière, indistinctes plus extérieurement, ordinairement à peine distinctes à l'extrémité (♀) ou indistinctes à partir des deux tiers (♂). *Intervalles* lisses, impointillés. *Dessous du corps* et *pieds* d'un noir luisant : ceux-ci hérissés de longs poils noirs. *Jambes de devant* armées, au côté externe, ordinairement de six dents graduellement plus fortes vers l'extrémité. *Eperon des jambes de devant* presque droit ou à peine incourbé vers son extrémité. *Jambes* intermédiaires et postérieures arquées ; à quatre ou cinq arêtes transversales et ciliées, sur leur côté externe. *Premier article des tarses postérieurs* à peine aussi long que les deux suivants réunis.

Patrie : l'Espagne.

Obs. Le genre *Ceratophyus*, malgré l'opinion d'Erichson et de divers autres auteurs, est suffisamment distinct de celui de *Geotrupes*, pour devoir en être séparé. Il s'éloigne de ce dernier par l'article intermédiaire de la massue des antennes en partie caché dans la contraction ; par la figure allongée de l'espèce de losange formé par l'épistome et le front ; par le mésosternum peu ou point saillant, laissant une déhiscence entre lui et le prosternum ; enfin, comme caractère accessoire, par le prothorax armé, chez l'un des sexes, d'une ou de plusieurs cornes.

Ce genre *Ceratophyus* semble même devoir être divisé en deux coupes assez tranchées, d'après les considérations suivantes :

GENRES.

Ecusson	cordiforme, échancré au milieu de son bord antérieur. Mandibules festonnées et profondément entaillées à leur côté externe. Joues coupées d'une manière obliquement transversale à leur bord antérieur, avec l'angle antéro-externe très-prononcé. Prothorax des ♂ unicorne. ... *Ceratophyus.*
	en triangle à côtés curvilignes ; sans échancrure à son bord antérieur. Mandibules peu sensiblement festonnées et sans entaille bien marquée à leur côté externe. Joues graduellement élargies d'avant en arrière et sans angle antéro-externe prononcé. Prothorax des ♂ armé de trois cornes. ... *Minotaurus.*

Au genre Ceratophyus se rapportent les *C. Ammon, Fischeri, Hoffmanseggii*, etc.

Au genre Minotaurus se rattachent les *C. typhœus, thyphœoides, momus, hostius, lœvipennis*, etc.

Lampra hieroglyphica.

*Dessus du corps d'un vert presque mi-doré, avec plus de la moitié
externe des élytres d'un doré verdâtre ou cuivreux. Prothorax un peu
anguleux vers les deux cinquièmes ; rugueusement ponctué ; orné de
trois bandes longitudinales d'un noir violet : les juxta-latérales raccourcies en devant. Ecusson en ligne droite en devant. Elytres tronquées et à deux petites entailles à leur extrémité ; parsemées de taches
d'un noir violet, en partie réunies par petits groupes, surtout dans leur
seconde moitié : le neuvième intervalle orné de trois de ces taches, isolées,
avant le milieu de sa longueur ; rugueusement ponctuées sur les parties
claires, lisses sur les taches.*

Long. 0,0123 (5 1/2 l.) Larg. 0,0045 (2 l.).

Corps suballongé ; peu convexe. *Tête* d'un vert mi-doré,
parée sur le vertex d'une courte bande longitudinale d'un
noir violet ; rugueusement couverte de points confluents ;
déprimée sur la suture frontale. *Epistome* échancré en demi-
cercle, dans le milieu de son bord antérieur, et enfermant le
labre dans cette échancrure. *Antennes* à peine aussi longuement prolongées que la moitié des côtés du prothorax ;
comprimées et dentées au côté interne à partir du quatrième
article ; d'un noir violet ; garnies de poils fins, blanchâtres.
Prothorax faiblement échancré en devant ; un peu élargi en
ligne droite jusqu'aux deux cinquièmes ou un peu plus de la
longueur de ses côtés, sensiblement anguleux dans ce point,
presque parallèle ou à peine rétréci ensuite ; sinué ou entaillé
à la base vers chaque cinquième externe de celle-ci, avec la
partie intermédiaire en arc dirigé en arrière et un peu plus
prolongée que les angles ; de deux tiers plus long que large ;
marqué d'une dépression transversale au devant de chaque
sinuosité basilaire ; ponctué, comme la tête, d'une manière
un peu rugueuse ; d'un vert mi-doré ; orné de trois bandes
longitudinales d'un noir violet, n'atteignant ni la base ni le

bord antérieur : la médiaire, entière : chacune des autres, située plus près de celle-ci que du bord externe, à peine avancée jusqu'au tiers antérieur ; en partie lisse sur les bandes ; paré en outre d'une tache rapprochée du bord antérieur et plus en dehors que la bande juxta-médiaire ; souvent noté d'une ou de deux taches près du bord extérieur. *Ecusson* d'un vert mi-doré, parfois un peu bronzé ; presque lisse ; en ligne droite à ses bords antérieur et postérieur, avec le milieu de celui-ci un peu prolongé en arrière ; rétréci d'arrière en avant ; près d'une fois plus large que long ; légèrement sillonné dans son milieu. *Elytres* à peine plus larges en devant que le prothorax à ses angles postérieurs ; subarrondies aux épaules ; presque parallèles jusqu'à la moitié de leur longueur ou plutôt légèrement sinueuses entre les épaules et cette moitié, rétrécies ensuite, tronquées et à deux échancrures à l'extrémité ; denticulées à leur bord externe ; peu convexes ; à dix stries, y comprise la juxta-marginale ; d'un vert presque mi-doré sur les quatre premiers intervalles, d'un vert doré ou d'un doré un peu cuivreux sur les autres ; plus distinctement d'un doré cuivreux sur le calus huméral ; parsemées de taches d'un noir violet, en partie unies ou rassemblées par petits groupes irréguliers, principalement dans la seconde moitié ; offrant sur les septième et neuvième intervalles à partir des élytres, ordinairement trois taches isolées et presque carrées, depuis le calus huméral jusqu'à la moitié. *Intervalles* rugueusement ponctués sur les parties vertes ou dorées, lisses sur les taches d'un noir violet : les quatrième, sixième, septième et huitième, plus courts : les autres à peu près prolongés jusqu'à l'extrémité. *Dessous du corps* ponctué ; d'un vert mi-doré un peu bleuâtre. *Pieds* d'un vert un peu plus bleuâtre que le dessous du corps ; *dernier arceau du ventre* échancré presque en carré large chez le ♂.

Patrie : l'Espagne.

Anthaxia hilaris.

Tête d'un doré cuivreux, ornée postérieurement d'un bandeau bleu verdâtre foncé. Prothorax et élytres de cette dernière couleur : le prothorax paré de chaque côté d'une bordure d'un doré cuivreux, un peu moins large que le quart de la largeur : les élytres, marquées près du bord marginal, sur les trois septièmes postérieurs, d'une rangée de points assez gros et transverses, prolongée jusqu'à l'angle sutural.

Long. 0,0056 (2 1/2 l.)

Corps oblong ; glabre ; peu convexe en dessus. *Tête* comme couverte d'un léger réseau, à mailles irrégulièrement quadrangulaires ; d'un doré légèrement cuivreux, avec la partie postérieure parée d'un bandeau d'un bleu verdâtre foncé. *Antennes* à peine prolongées jusqu'au tiers des côtés du prothorax ; faiblement moins grêles vers l'extrémité ; subcomprimées et dentelées à partir du quatrième article ; d'un bleu noir, bronzées en dessus. *Prothorax* bissinueusement échancré en devant ; élargi en ligne un peu courbe jusqu'aux deux septièmes de ses côtés, faiblement rétréci ensuite en ligne droite à partir de ce point ; en ligne presque droite ou plutôt en angle à peine dirigé en arrière dans son milieu, à la base ; une fois plus large que long ; très-médiocrement convexe ; presque squammeux ou couvert, comme la tête, d'un léger réseau, très-distinct sur les côtés, plus faible ou presque nul sur le dos ; d'un bleu verdâtre foncé, avec les côtés parés d'une bordure d'un doré cuivreux, égale chacune au cinquième ou à un peu moins du quart de la largeur totale, dans son milieu. *Ecusson* en triangle à côtés un peu curvilignes ; d'un vert bleu. *Elytres* à peine plus larges en devant que le prothorax à sa base ; presque parallèles jusqu'aux trois cinquièmes ou un peu moins, rétrécies à partir de ce point jusqu'à l'angle sutural ; munies, sur les côtés, d'un rebord étroit et un peu tranchant ; peu convexes ; inégales, plus saillantes transversalement près de la base, déprimées entre celle-ci et la moitié de la longueur ; marquées à partir de la moitié ou presque des trois cinquièmes de la largeur, près du rebord latéral, d'une rangée de points graduellement plus gros et plus sensiblement transverses, jusqu'à l'angle sutural ; légèrement ridées ; d'un bleu vert assez foncé. *Dessous du corps* d'un vert bleu sur l'antépectus, avec les côtés de ce segment d'un doré cuivreux, d'un bleu verdâtre foncé sur le reste. *Pieds* d'un vert bleuâtre métallique : tarses d'un bleu noir.

PATRIE : La Grèce.

NOTES

POUR SERVIR A L'HISTOIRE

DES TÉNÉBRIONS.

PAR

E. MULSANT et GUILLEBEAU.

Présentées à la Société Linnéenne de Lyon , le 13 juillet 1854.

DESCRIPTION DE LA LARVE DU *Tenebrio opacus*.

Larve hexapode ; allongée : semi-cylindrique ; revêtue d'une peau coriace ou parcheminée ; composée, outre la tête, de douze anneaux ; en dessus, d'un blond roussâtre, plus foncé ou moins clair sur la tête, les premier, onzième et douzième segments et sur la partie postérieure de chacun des autres anneaux correspondant au repli. *Corps* superficiellement pointillé et ruguleux; glabre, avec quelques poils très-clairsemés sur les côtés ; pourvu en dessous de six pieds disposés par paire sous chacun des anneaux thoraciques.

Tête un peu plus longue que large ; d'un quart environ plus large que longue, depuis sa partie postérieure jusqu'à la base des antennes ; à peine arquée sur les côtés dans cette partie; médiocrement convexe ; marquée d'une ligne longitudinale médiaire, naissant de sa partie postérieure, avancée jusqu'aux deux cinquièmes postérieurs, bifurquée en devant : les deux branches de cette bifurcation, formant un demi-cercle à leur partie postérieure. *Epistome* séparé du front par une suture frontale profonde ; transverse ; rétréci d'arrière en avant. *Labre* presque aussi large à la base que l'épistome à son bord antérieur ; à peine arqué et parcimonieusement cilié en devant. *Mandibules* débordant le labre dans l'état de repos ; presque droites à la base, arquées assez fortement vers leur partie antérieure ; coriaces et d'un roux pâle à la base, cornées et noires à l'extrémité ; terminées en pointe à celle-ci. *Mâchoires* à un lobe, armé d'un petit crochet coriace vers son extrémité, et muni à son côté interne de poils roux, spiniformes. *Palpes maxillaires* garnis de poils clairsemés ; à trois articles : le dernier, conique. *Menton* allongé ; en ovale tronqué. *Languette* transverse ; apparente. *Palpes labiaux* à deux articles : le dernier conique. *Antennes* aussi longuement prolongées que l'extrémité des mandibules à l'état de repos ; de quatre articles : le basilaire, court, semi-globuleux : les deuxième et troisième cylindriques : le troisième, plus long que le deuxième : le quatrième, grêle, court, aciculaire, terminé par un poil. *Yeux* représentés par deux petits points noirs, situés derrière les antennes. *Anneau prothoracique* au moins ausssi grand que la tête ; de deux tiers plus long que chacun des suivants : les quatrième à dixième presque égaux : le onzième, graduellement et assez faiblement rétréci d'avant en arrière : le douzième, plus court, presque en cône, peu convexe, légèrement relevé à son extrémité, et terminé à celle-ci par deux

pointes un peu divergentes, droites, presque horizontales
ou peu relevées ; parsemé en dessous de poils assez longs et
clairsemés, et muni près de sa base, de deux pièces pédi-
formes, membraneuses, extractiles. *Stigmates* roussâtres ; au
nombre de neuf paires : la paire thoracique, rapprochée du
bord antérieur du mésothorax, en dehors et sur le bord de
la ligne longitudinale servant à séparer les arceaux supérieurs
des inferieurs. *Pieds* médiocres ; garnis en dessous de poils
peu nombreux et un peu raides ; composés de cinq pièces :
la partie paraissant représenter le tarse, courte et terminée
par un ongle brunâtre, assez long, de force médiocre et
pointu.

Long. 0,0225 à 0,0270 (10 à12 l.).Larg. 0,0033 (1 1/2 l.).

Cette larve est lignivore. Nous l'avons trouvée à Vau-
gneray (Rhône) dans des troncs cariés de châtaigniers ; elle
y creuse des galeries cylindriques à mesure qu'elle en ronge
la substance, et change plusieurs fois de peau avant de passer
à l'état de nymphe. Celle-ci a beaucoup d'analogie avec
celle du *T. molitor*.

DESCRIPTION DE LA LARVE DU *Tenebrio transversalis*.

Larve hexapode ; semi-cylindrique ; revêtue d'une peau
parcheminée ; inégalement fauve, d'un fauve blond ou
d'un fauve un peu livide. *Téte* subhorizontale, un peu penchée ; subconvexe ; lisse ; hérissée de poils très-clairsemés et
peu apparents ; sensiblement rétrécie en ligne un peu
courbe, d'arrière en avant ; à peine aussi longue depuis sa
base jusqu'au bord antérieur du labre, que large à sa partie
postérieure ; rayée à partir de celle-ci d'une ligne blanchâtre,

médiaire, avancée jusqu'au tiers ou presque jusqu'aux deux cinquièmes de l'espace compris entre la base et le bord antérieur, continuée par deux lignes divergentes, incourbées à leur partie postérieure vers leur point de réunion, dirigées chacune vers la base des antennes qu'elle n'atteint pas, et près de laquelle elle se dirige en dehors. *Epistome* transverse; en parallélipipède. *Labre* un peu moins large; arqué en devant. *Mandibules* non saillantes à l'état de repos; arquées, subcornées et fauves à la base, cornées, noires et bidentées à l'extrémité. *Mâchoires* à un lobe cilié au côté interne, et paraissant terminé par une pointe subcornée. *Palpes maxillaires* aussi longuement avancés que le labre; coniques; de trois articles. *Pièce prébasilaire* prolongée jusqu'à la base de la partie inférieure de la tête; parallèle; suivie de la *lèvre inférieure* : celle-ci, composée de deux pièces : un menton presque en hexagone plus large que long : une languette, parallèle, portant deux *palpes labiaux*, coniques, de deux articles. *Antennes* situées près de la base des mandibules; un peu plus longuement avancées que le bord antérieur du labre, de quatre ou cinq articles, savoir : 1° une pièce basilaire blanchâtre, membraneuse, presque semi-globuleuse, en partie rétractile : les deuxième et troisième articles, cylindriques, fauves à la base, blanchâtres à l'extrémité : le deuxième, plus long que large : le troisième, trois fois aussi long que large : le quatrième, peu apparent, enchâssé presque entièrement dans le troisième : le cinquième grèle, cylindrique, presque filiforme, assez court, terminé par une soie. *Corps* lisse; de douze anneaux : le premier, un peu moins long que les deux suivants réunis : ceux-ci plus courts que les suivants : les quatrième à douzième presque égaux : les dixième et onzième un peu plus longs : le douzième, le plus court : les onzième et douzième parcimonieusement hérissés de longs poils : le onzième légèrement ruguleux;

sensiblement rétréci d'avant en arrière : le douzième obtriangulaire, terminé par une pointe cornée ; hérissé, surtout près de l'extrémité et sur les côtés, de petites épines dirigées en arrière : le dernier segment offrant en dessous l'arceau inférieur à peine prolongé au delà du tiers basilaire, muni de deux appendices submembraneux, cylindriques, assez longuement exsertiles. *Pieds* médiocres, situés par paire sous chacun des trois arceaux thoraciques : composés de quatre pièces, munies de poils spinosules : la première pièce, sur sa tranche externe : les autres, en dessous : la dernière armée d'un ongle aigu et assez allongé. *Stigmates* comme chez les autres espèces ; peu apparents.

Cette larve vit aux pieds des chênes cariés. Elle court assez vite. Elle se distingue de celle des *T. molitor*, *obscurus et opacus*, par son dernier segment terminé par une seule pointe. Comme ces dernières, elle change plusieurs fois de peau avant de passer à l'état de nymphe. Celle-ci a beaucoup d'analogie, pour la forme, avec celle des autres espèces.

DESCRIPTION

D'UNE NOUVELLE ESPÈCE

DU GENRE DORCUS,

PAR

E. MULSANT.

Présentée à la Sociéte Linnéenne de Lyon, le 12 mai 1852.

♂ *Corps subparallèle , peu convexe ; d'un noir presque mat, en dessus. Tête et prothorax couverts de gros points sur les côtés , de points plus petits sur le disque : le second non obliquement coupé à ses angles de devant, sinué près des angles postérieurs. Elytres couvertes de points subarrondis et ombiliqués, séparés par un réseau ; marquées d'une strie juxta-suturale. Dessous du corps et pieds noirs.*

   ♂ Mandibules marquées à la base de points confluents ; armées vers le milieu de leur côté interne de deux dents: l'inférieure peu prononcée : la supérieure mi-relevée, peu ou point obtuse.

Long. 0,0225 (10 l.). Larg. 0,0084 (3 3/4 l.).

♂ *Corps* d'un noir presque mat , en dessus. *Tête* transverse ; légèrement convexe ; déclive vers son bord antérieur ; marquée de points graduellement plus petits vers le centre que sur les côtés ; imponctuée entre les points, si ce n'est vers sa partie postérieure où elle est imperceptiblement pointillée ;

armée de deux mandibules presque aussi longues qu'elle :
celles-ci, couvertes sur la partie supérieure de leur base de
points confluents, munies chacune, au milieu de leur bord
interne, de deux dents : l'inférieure, peu ou à peine prononcée : la supérieure, mi-relevée, non obtuse. *Labre* transversal ; entier ou légèrement échancré en arc dans son milieu.
Antennes noires, à massue d'un gris obscur. *Prothorax* un
peu plus large que la tête ; bissinueusement échancré en devant ; à angles antérieurs avancés en forme de dent peu
émoussée ; faiblement élargi en ligne un peu courbe sur les
côtés, jusqu'au milieu de la longueur de ceux-ci, et sinué près
des angles postérieurs, qui sont écointés jusqu'à la partie de
la base correspondant à la fossette humérale des élytres ;
tronqué dans la partie médiaire de la base ; muni, dans sa
périphérie, d'un rebord plus écrasé en devant et surtout dans
le milieu de son bord antérieur : ce rebord, plus étroit vers
les angles postérieurs ; faiblement convexe ; couvert de gros
points confluents sur les côtés, et de points graduellement
moins rapprochés et plus petits sur le disque ; indistinctement pointillé dans les intervalles de ces points. *Ecusson* en
triangle curviligne ; marqué de points assez gros. *Elytres* un
peu moins larges que le prothorax ; deux fois et demie aussi
longues que lui sur son milieu ; subparallèles jusqu'aux deux
tiers ; subarrondies postérieurement ; faiblement convexes ;
chargées d'un calus huméral saillant ; couvertes de points
enfoncés, ombiliqués, subarrondis, confluents, séparés par
un réseau plus fin près de la périphérie que sur le disque :
les points parfois substriément disposés sur le disque ; marquées d'une sorte de strie juxta-suturale, séparée de la suture
par un espace couvert de points notablement plus petits que
ceux du reste de la surface et non ombiliqués. *Dessous du
corps* et *pieds* d'un noir luisant. *Menton* marqué d'espèces
de points squammiformes, liés ensemble. *Arrière-poitrine*

parcimonieusement garnie d'un duvet fauve peu apparent ; marqué sur les côtés de points squammiformes, presque lisse et légèrement sillonné sur la partie sternale. *Cuisses* assez parcimonieusement ponctuées. *Jambes* de devant bidentées extérieurement à l'extrémité, et munies sur leur tranche externe de sept ou huit dentelures : jambes intermédiaires et postérieures mi-épineuses sur leur arête externe. *Tarses* garnis dans leurs quatre premiers articles de poils d'un jaune fauve.

Cette espèce a été découverte dans les Appenins par M. Truqui.

Obs. Elle diffère du *D. parallelipipedus* par un corps un peu plus allongé ; par des mandibules marquées sur la partie supérieure de leur base de points confluents, armées d'une dent peu ou point obtuse, formant une sorte de triangle moins long que large ; par la tête moins déprimée, marquée de points plus gros ; par le prothorax n'offrant pas l'espèce de dent formée par les angles de devant, obliquement tronqué de dehors en dedans, moins parallèle sur les côtés, plus sensiblement en ligne courbe à la partie antérieure de ceux-ci, et sensiblement sinué près des angles postérieurs, couvert de points notablement plus gros.

DESCRIPTION

DE

QUELQUES ESPÈCES D'ÉLATÉRIDES,

PAR

E. MULSANT et GUILLEBEAU.

(Présentée à la Société Linnéenne de Lyon le 13 juillet 1855.)

———————

Cratonychus amplithorax.

Long. 0,0146 (6 1/2 l.). Larg. 0,0033 (1 1/2 l.).

Noir ; finement pubescent.

Téte peu convexe, avec une légère impression au milieu ; couverte d'une ponctuation moyenne et un peu rugueuse.

Antennes ferrugineuses ; pubescentes ; un peu plus longues que le prothorax.

Prothorax aussi large que long ; très-convexe ; couvert d'une ponctuation fine, égale, rugueuse sur les bords ; peu rétréci en avant ; marqué au milieu de la base d'une légère dépression : angles postérieurs chargés d'une carène faible et courte.

Ecusson oblong ; très-finement ponctué.

Elytres moins de trois fois aussi longues que larges ; aussi larges que le prothorax ; rétrécies à partir des deux tiers de leur longueur ; obtusément arrondies au sommet ; à stries marquées de gros points distants ; à intervalles plans, couverts d'une ponctuation fine et serrée.

Dessous du corps couleur de poix : jambes ferrugineuses.

Voisin du *C. crassicollis,* dont il diffère par la ponctuation du prothorax, qui est plus fine ; par ce segment qui est plus convexe et plus large ; par ses élytres plus larges, plus parallèles, plus arrondies à l'extrémité.

Narbonne (Aude), (collect. Godard).

Cratonychus aspericollis.

Long. 0,0146 (6 1/2 l.). Larg. 0,0033 (1 1/2 l.).

Noir, brillant ; à pubescence grise.

Tête peu convexe ; marquée de points gros et enfoncés.

Antennes un peu plus longues que le prothorax; d'un ferrugineux obscur ; à pubescence fine.

Prothorax aussi long que large ; assez convexe ; entièrement couvert de points gros, profonds et rugueux sur les bords ; marqué au-dessus du milieu du bord postérieur, d'une dépression dont le fond est lisse ; à angles postérieurs relevés, chargés d'une carène longue et étroite.

Ecusson oblong ; finement ponctué.

Elytres au moins trois fois aussi longues que larges ; à stries marquées de gros points : intervalles couverts d'une ponctuation fine et serrée.

Dessous du corps à pubescence plus visible : jambes d'un ferrugineux obscur.

Obs. Plus brillant, plus étroit, moins pubescent que les *Cr. niger* et *brunnipes;* diffère du *Cr. obscurus* Fabricius, par la ponctuation du prothorax qui est plus serrée, plus profonde et plus rugueuse.

La Sicile, (collect. Godard).

Cratonychus sulcicollis.

Long. 0,0168 (7 1/2 l.). Larg. 0,0036 (1 2/3 l.).

Noir, brillant ; à pubescence grise et fine.

Tête peu convexe ; inégale, avec deux impressions près du bord antérieur ; couverte de points gros, ronds et isolés, excepté sur les impressions du 'devant, où ils sont un peu confluents.

Antennes dépassant un peu la longueur du prothorax ; d'un ferrugineux obscur; pubescentes.

Prothorax évidemment plus long que large, assez graduellement rétréci en avant ; couvert de points plus effacés et plus distants sur le disque, plus serrés et plus profonds sur les bords ; marqué dans le milieu d'un sillon longitudinal ; angles postérieurs chargés d'une carène longue et étroite.

Ecusson presque rond, et finement ponctué.

Elytres plus de trois fois aussi longues que larges; plus acuminées que dans les autres espèces de ce genre ; à stries marquées de gros points ; à intervalles couverts d'une ponctuation fine et assez distante.

Dessous du corps à pubescence plus longue et plus évidente: jambes d'un ferrugineux obscur.

Diffère de tous ses congénères par le sillon du prothorax et par sa forme plus rétrécie aux extrémités.

Midi de la France, (collect. Wachanru, Doublier, Joubert).

Nous l'avons vu dans quelques collections inscrit sous les noms de *castanipes* ou *obscurus* FABR.

Athous acutus (Rey).

Long. 0,0090 (4 l.). Larg. 0,0014 (2/3 l.).

Téte noire; pubescente; inégale; marquée de points serrés : partie de la suture frontale située vers l'insertion des antennes, ferrugineuse.

Antennes couleur de poix, avec la base de chaque article plus claire ; au moins aussi longues que la moitié du corps.

Prothorax plus long que large ; peu convexe ; plus étroit que les élytres ; pubescent ; noir, avec le bord étroitement ferrugineux ; couvert d'une ponctuation très-fine, assez serrée : à angles postérieurs carénés, prolongés en arrière, et assez saillants en dehors.

Ecusson presque rond; d'un testacé obscur ; couvert d'une pubescence plus serrée que le reste du corps.

Élytres trois fois au moins aussi longues que larges ; pubescentes ; un peu dilatées au-delà du milieu ; à stries canaliculées; à intervalles transversalement ridés et marqués de points distincts et serrés.

Dessous du corps finement ponctué ; brun, avec les bords des segments de l'abdomen et l'anus, plus clairs : *cuisses* d'un testacé obscur : tibias et tarses d'un testacé clair.

Facile à distinguer de l'*A. subfuscus*, dont il a le faciès, par la forme des angles du prothorax.

Le mont Pilat.

Athous villiger.

♂ Long. 0,0123 (5 1/2 l.). Larg. 0,0025. (1 1/8 l.).
♀ Long. 0,0140 (6 1/4 l.). Larg. 0,0033 (1 1/2 l.).

Téte d'un brun ferrugineux ; déprimée ; à points distincts et serrés; à pubescence grise, assez longue et serrée. Mandibules d'un ferrugineux foncé : palpes d'un ferrugineux clair.

Antennes d'un testacé obscur, plus clair à la base de chaque article; pubescentes; les articles très-peu en scie : le dernier cylindrique.

Prothorax, un peu plus large en avant; à côtés presque droits; de couleur noire, mélangée de ferrugineux; couvert d'une pubescence grise assez longue et assez fournie, et d'une ponctuation distincte et serrée, avec une ligne longitudinale glabre et déprimée vers le milieu.

Ecusson presque rond; densement pubescent.

Elytres ferrugineuses; allongées; moins pubescentes que le prothorax, à stries canaliculées; marquées de points profonds : à intervalles finement ponctués.

Dessous du corps à pubescence plus rare ; d'un noir brun, avec les bords latéraux et postérieurs des segments de l'abdomen, testacés.

Chez la femelle la pubescence est plus rare ; les antennes ont des articles courts et épais; le prothorax est beaucoup plus convexe et plus élargi, sinué sur les côtés près de la base, et il a la ponctuation beaucoup plus rare et plus forte. Les élytres sont plus larges, dilatées au-delà du milieu ; la ponctuation des intervalles est plus rare et plus forte.

Le mont Pilat.

Athous frigidus.

Long. 0,0150 (6 3/4. l.) Larg. 0,0039 (1 3/4 l.).

Tête noire; inégale; déprimée ; marquée de gros points irrégulièrement disposés ; légèrement pubescente : Trois premiers articles des *antennes* noirs: le reste d'un testacé obscur.

Prothorax noir; plus large que long; assez convexe; légèrement canaliculé; pubescent, couvert d'une ponctuation fine et serrée ; légèrement rétréci en arrière ; à angles postérieurs aigus.

Ecusson subcordiforme ; noir ; pubescent.

Elytres allongées ; d'un châtain variable ; parallèles ; rétrécies à partir des quatre cinquièmes ; à stries fines ; canaliculées ; ponctuées ; à intervalles plans, finement pubescents, et couverts d'une ponctuation fine et assez serrée.

Dessous du corps noir et pubescent. Cuisses noires : tibias bruns : tarses testacés.

La femelle diffère du mâle en ce qu'elle est plus grosse, plus convexe, à peu près glabre et luisante ; elle a le prothorax plus convexe, couvert de points plus gros et plus distants, et plus large en avant. Les antennes sont plus courtes, à articles épais. Les élytres sont plus larges, plus convexes, couvertes de points plus fins et plus distants, de couleur allant du châtain au testacé. Les pattes sont quelquefois testacées.

Faillefeu (Basses-Alpes).

Athous melanoderes.

Long. 0,0140 (6 1/4 l.). Larg. 0,0033 (5 1/2 l.).

Tête noire ; pubescente ; marquée sur le devant d'une dépression triangulaire, et couverte d'une ponctuation rugueuse et confluente près de la suture frontale.

Antennes ferrugineuses ; à articles courts et épais ; à pubescence fine et courte, mêlée de poils plus longs et droits.

Prothorax noir brun ; couvert d'une ponctuation distincte et serrée ; convexe ; finement pubescent ; légèrement rétréci en arrière ; à angles postérieurs droits.

Écusson court ; conique ; ponctué et pubescent.

Elytres trois fois aussi longues que larges ; d'un châtain

clair, plus pâle sur les bords; à stries canaliculées, ponctuées;
à intervalles plans, marqués de points fins et peu serrés.

Dessous du corps brun : pattes et bords latéraux et postérieurs des segments de l'abdomen, testacés ; ponctuation de
l'antépectus beaucoup plus forte que celle de l'abdomen.

Cette espèce a de l'analogie avec la ♀ de l'*A. difformis,* dont
elle diffère surtout par la ponctuation des élytres, qui est beaucoup plus fine et plus espacée ; elle diffère aussi par le même
caractère de l'*A. sylvaticus* : elle a en outre le prothorax
moins dilaté dans le milieu et moins rétréci en arrière.

Briançon, (collect. Godard). Faillefeu (Basses-Alpes).

Athous sylvaticus.

Long. 0,0440 (6 1/4 l.). Larg. 0,0030 (1 2/5 l).

Entièrement d'un roux ferrugineux.

Tête marquée d'une dépression profonde et triangulaire ;
pubescente ; à ponctuation rugueuse et confluente.

Antennes courtes; épaisses; à pubescence courte et serrée,
mêlée de poils plus rares, plus longs et droits.

Prothorax grand ; très-convexe ; pubescent ; couvert de
points serrés, moins épais sur le disque; faiblement canaliculé dans le milieu ; plus étroit en arrière , avec les angles
postérieurs obtus.

Écusson presque rond ; pubescent et ponctué.

Élytres trois fois aussi longues que larges ; pubescentes ;
dilatées au delà du milieu; à stries canaliculées, marquées de
gros points oblongs ; à intervalles à peu près plans, couverts
d'une ponctuation évidente et serrée.

Dessous du corps et pattes plus clairs ; surface de l'antépectus à ponctuation plus forte que celle de l'abdomen et
de la poitrine.

Briançon, (collect. Godard).

Athous tomentosus ♂.

Long. 0,0220 (11 l.). Larg. 0,0025 (1 1/8 l.).

Tête noire ; pubescente ; couverte de points rugueux et confluents ; déprimée en avant.

Antennes allongées ; testacées : troisième, quatrième et cinquième articles faiblement en scie : les autres à peu près cylindriques.

Prothorax d'un tiers plus long que large ; plus étroit en avant ; pubescent ; couvert de points serrés ; noir, avec les angles postérieurs testacés, aigus et saillants.

Ecusson allongé, arrondi postérieurement ; noir ; pubescent.

Elytres allongées ; d'un fauve obscur ; parallèles ; rétrécies à partir des quatre cinquièmes ; à stries canaliculées, ponctuées ; à intervalles plans, pubescents et couverts d'une ponctuation fine et serrée.

Dessous du corps brun noir ; bords latéraux et postérieur de l'abdomen testacés : pattes d'un testacé obscur, plus ou moins clair.

Très-voisin de l'*A. difformis* ♂, dont il diffère surtout par son prothorax plus étroit, à angles aigus plus grands et plus saillants, et par son écusson plus allongé.

Briançon, (collect. Godard).

Athous pallens.

Long. 0,0023 (5 1/2 l.). Larg. 0,025 (1 1/8 l.).

Tête ferrugineuse ; largement déprimée dans le milieu ; évidemment ponctuée et pubescente : bouche ferrugineuse : palpes testacés.

Antennes ferrugineuses ; pubescentes ; peu en scie.

Prothorax d'un quart plus long que large ; peu convexe :

d'un ferrugineux obscur, plus clair aux bords antérieur et postérieur; distinctement ponctué; pubescent; échancré en devant; à angles postérieurs peu saillants.

Ecusson brièvement ovale; ferrugineux; pubescent.

Elytres plus pâles que le prothorax ; parallèles jusqu'aux trois quarts de leur longueur, d'où elles sont graduellement rétrécies ; à stries fines, canaliculées, ponctuées; à intervalles plans, et à pubescence et ponctuation plus fines et plus éparses que sur le prothorax.

Dessous du corps d'un testacé obscur, plus foncé sur le milieu de l'antépectus et sur les autres parties pectorales, et sur le milieu de chaque arceau de l'abdomen. Jambes testacées.

♀ Diffère du mâle par sa taille plus grande, et par sa tête plus fortement ponctuée; elle a les antennes plus courtes, plus épaisses, le prothorax plus convexe, plus court , plus obscur; les élytres sont également plus obscures, plus convexes, dilatées au-delà du milieu , et plus fortement ponctuées.

Grande-Chartreuse.

Athous flavescens.

Long. 0,0100 (4 1/2 l.). Larg. 0,0020 (7/8 l,).

Roux. *Tête* rousse, rembrunie sur le vertex ; inégale; marquée de points profonds, confluents sur le devant de la tête, plus distants sur le vertex.

Antennes testacées; allongées; très-peu en scie.

Prothorax roux : le disque quelquefois plus obscur ; en carré allongé, légèrement dilaté dans le milieu ; à angles postérieurs aigus; visiblement échancré à son bord antérieur qui est un peu sinué; pubescent, et couvert d'une ponctuation fine.

Ecusson testacé, court, arrondi postérieurement.

Elytres rousses; allongées; à peu près parallèles, rétrécies graduellement à partir des deux tiers; finement pubescentes; à stries remplies d'une ponctuation confuse dans la première moitié, canaliculées et ponctuées régulièrement dans la seconde : intervalles à ponctuation fine et serrée.

Antépectus testacé, avec une tache noire au milieu : poitrine et abdomen noirs, avec les bords testacés. Pattes testacées.

La femelle diffère du mâle en ce qu'elle est plus large; son prothorax est plus convexe, plus visiblement rétréci postérieurement, plus densement ponctué; les stries des élytres ne sont pas du tout canaliculées, ont la ponctuation beaucoup plus forte, et les intervalles plus convexes; les antennes sont plus courtes et plus épaisses.

Cet insecte, très-voisin de l'*A. subfuscus*, en diffère par sa taille plus allongée, son prothorax plus long, plus rétréci postérieurement, et surtout par ses stries, qui sont canaliculées dans toute leur longueur dans le *subfuscus* ♂, et dans la moitié de leur longueur dans la ♀, tandis que dans le *flavescens* elles ne le sont pas du tout dans la femelle, et seulement dans la moitié de la longueur chez le mâle.

La Grande-Chartreuse. — Trouvé également à Chamounix par M. Gacogne.

Athous herbigradus ♂ ♀.

Long. 0,0100 (4 1/2 l.). Larg. 0,0025 à 0,0028 (1 1/8 à 1 1/4 l.).

Tête noire, brune sur les bords; déprimée dans le milieu; à points serrés, profonds et confluents; couverte d'une pubescence grise assez serrée : bouche ferrugineuse.

Antennes brunes, avec l'extrémité de chaque article plus foncée.

Prothorax noir, mélangé de brun testacé et assez échancré

au bord antérieur; un peu plus étroit en avant; légèrement
renflé dans le milieu, et sinué au devant des angles postérieurs; peu convexe; à ponctuation évidente et serrée; légèrement canaliculé; couvert, comme la tête, d'une pubescence
grise et serrée; angles postérieurs aigus, un peu relevés au
bord externe.

Ecusson assez rond, à peu près dénudé ; noirâtre.

Elytres allongées; d'un châtain plus clair sur tous les bords ;
à stries canaliculées, ponctuées; à intervalles peu convexes,
couverts de points fins et serrés, et d'une pubescence plus
rare que sur le prothorax.

Dessous du corps brun: bord antérieur du prosternum,
bords latéraux de l'antépectus , et bords postérieur et
latéraux des segments de l'abdomen , testacés. Cuisses
brunes: tibias et tarses plus pâles.

Cet insecte a quelque analogie avec l'*A. difformis* ♂ dont il
diffère par sa taille plus ramassée, sa pubescence plus serrée,
ses élytres différemment colorées; il n'offre pas la même différence dans les sexes.

Le mont Pilat ; Iseron (Rhône).

Athous castanescens.

Long. 0,0170 (8 l.). Larg. 0,0039 (1 3/4 l.).

Tête noire ; déprimée dans le milieu ; couverte de points
profonds et quelquefois confluents, et d'une pubescence
fournie et couchée: palpes et mandibules, couleur de poix.

Antennes noires, plus ou moins ferrugineuses dans le
milieu, surtout à la base de chaque article; peu en scie.

Prothorax plus long que large ; marqué d'une dépression
longitudinale sur la partie postérieure du disque; assez
convexe; couvert d'une ponctuation distincte et serrée, à peu
près uniforme, et d'une pubescence grise serrée et couchée;

assez profondément échancré au bord antérieur ; à bords latéraux à peu près droits dans la première moitié, sinués au devant des angles postérieurs : ceux-ci proéminents et obtus : les postérieurs, chargés d'un rudiment de carène, assez aigus et un peu prolongés en arrière.

Ecusson plus long que large ; très-pubescent.

Elytres allongées ; d'un châtain peu foncé ; couvertes d'une pubescence grise assez fournie ; à stries canaliculées, ponctuées ; à intervalles couverts d'une ponctuation fine et serrée.

Dessous du corps noir ; bords postérieur et latéraux de l'abdomen plus ou moins ferrugineux : jambes noires : extrémités des tibias et tarses ferrugineux.

Cet insecte a assez d'analogie avec l'*A. Dejeanii* , dont il diffère par sa pubescence beaucoup plus fournie, par sa taille plus ramassée, sa ponctuation plus fine, et par les angles antérieurs du prothorax qui sont plus proéminents.

Montagnes du Beaujolais.

Athous semipallens. ♂ ♀.

Long. 0,0112 à 0,0123 (5 à 5 1/2 l.). Larg. 0,0025 à 0,0028 (1 1/8 à 1/4 l.).

Tête noire, avec le bord antérieur testacé ; convexe ; évidemment ponctuée et pubescente.

Antennes à articles peu allongés ; brunes, avec le premier article et la base des autres, testacés.

Prothorax d'un quart plus long que large ; noir avec les bords testacés ; à ponctuation distincte et serrée ; à pubescence courte ; brièvement canaliculé sur la partie postérieure de son disque ; à angles postérieurs aigus, peu saillants.

Ecusson brun ; presque rond ; finement pubescent.

Elytres allongées ; à stries canaliculées, marquées de points profonds ; à intervalles peu convexes, couverts d'une ponctuation fine assez serrée ; d'un brun de poix à la base, d'un testacé ferrugineux sur le reste , sans délimitation tranchée quant à l'étendue de la place colorée.

Dessous du corps noir brun ; brillant ; finement pubescent ; avec les bords de l'antépectus, de la poitrine et des segments de l'abdomen, d'un testacé ferrugineux. Jambes testacées.

Nantua ; Suisse.

Voisin de l'*A. hæmorrhoidalis*, dont il est facile à distinguer par la couleur des élytres.

Ampedus ruficeps.

Long. 0,0070 (3 1/8 l.). Larg. 0,0015 (2/3 l.).

Tête d'un rouge ferrugineux ; convexe ; couverte d'une ponctuation forte et serrée.

Antennes de la couleur de la tête ; fortement en scie à partir du quatrième article.

Prothorax plus large que long ; visiblement rétréci en avant ; convexe ; à angles postérieurs aigus et prolongés, sans carène ; couvert d'une ponctuation forte et rugueuse sur les côtés , fine et rare sur le disque ; noir, avec les bords antérieur et postérieur d'un ferrugineux clair ; couvert d'une pubescence rousse.

Ecusson ovale ; oblong ; lisse ; testacé.

Elytres trois fois aussi longues que larges, rétrécies de la base à l'extrémité ; noires, avec la base et le pourtour ferrugineux ; à pubescence rousse ; à stries canaliculées, ponctuées ; à intervalles plans et ponctués.

Dessous du corps et pattes pubescents ; d'un ferrugineux clair.

Fallavier (Isère), sur le châtaignier (M. Gacogne.)

Cryptohypnus consobrinus.

Long. 0,0061 à 0,0070 (2 3/4 à 3 1/8 l.). Larg. 0,0005 à 0,008 (1/4 à 1/3 l.).

D'un bronzé métallique obscur.

Tête peu convexe; couverte d'une ponctuation inégale, pubescente.

Antennes d'un ferrugineux obscur; à articles courts et triangulaires.

Prothorax convexe; rétréci en avant, dilaté dans le milieu, avec les angles postérieurs carénés, spiniformes, et un peu recourbés en dehors; couvert de points allongés, plus rares et plus petits sur le disque; légèrement pubescent.

Ecusson brièvement ovale; ponctué; pubescent.

Elytres trois fois aussi longues que larges; légèrement pubescentes; assez convexes; rétrécies à partir des deux tiers; à stries canaliculées, ponctuées; à intervalles peu convexes, recouverts de points très-fins.

Dessous du corps noir; recouvert d'un duvet brillant et soyeux : cuisses et tibias, d'un testacé obscur : tarses d'un testacé plus clair.

Bords de la Singine et de la Sarine (Berne et Fribourg).

Cet insecte, très voisin des *C. riparius* et *rivularis*, en diffère par sa taille moins ramassée, par sa ponctuation et par la forme des angles du prothorax.

Cryptohypnus gracilis.

Long. 0,0050 (2 1/4 l.). Larg. 0,0008 (1/3 l.).

Noir.

Tête peu convexe; pubescente; couverte d'une ponctuation inégale, plus serrée en avant qu'en arrière.

Antennes noires ; atteignant au moins le milieu de l'élytre.

Prothorax assez convexe ; dilaté dans le milieu, plus étroit en arrière ; à angles postérieurs aigus, prolongés, finement carénés ; couvert d'une ponctuation très-fine et très-serrée, presque glabre.

Ecusson allongé ; ponctué ; pubescent.

Elytres trois fois aussi longues que larges ; rétrécies surtout depuis les deux tiers ; à stries ponctuées ; à intervalles assez convexes, couverts d'une ponctuation très-fine et très-serrée.

Dessous du corps noir : jambes brunes : tarses testacés.

Berne (bords de la Singine). Lyon, inondations du Rhône.

Voisin du *C. curtus,* mais plus allongé : antennes plus longues : prothorax beaucoup plus finement ponctué.

Diacanthus micans.

Long. 0,0123 (5 1/2 l.). Larg. 0,0028 (1 1/4 l.).

Téte d'un noir métallique ; peu convexe ; également parsemée de points ronds et profonds.

Antennes noires : premier article ferrugineux dessous ; en scie, à partir du quatrième article.

Prothorax aussi long que large ; assez convexe ; d'un noir bronzé ; couvert de points, plus rares sur le disque ; marqué d'une impression au-devant de chaque angle postérieur : ces angles ferrugineux, carénés, aigus et prolongés.

Ecusson en forme de cône ; chargé d'une petite carène ; très-finement ponctué.

Elytres plus de trois fois aussi longues que larges ; d'un brun obscur ; rétrécies à partir des quatre cinquièmes ; à stries canaliculées : les voisines des côtés, plus fortement ponctuées que celles près de la suture ; à intervalles plans, chagrinés ; à pubescence très-fine, et couverts d'une ponctuation très-fine et très-serrée.

Dessous du corps d'un noir bleu métallique mélangé de ferrugineux, surtout vers les sutures ; antépectus à ponctuation plus forte que celle de l'abdomen et de la poitrine ; poitrine et abdomen couleur de poix à reflet métallique : bords des segments du ventre plus clairs. Jambes couleur de poix : côté interne des cuisses et des tibias, ferrugineux.

Serait-ce la femelle de l'*Ectinus subœneus* Redt. ? ou l'*Ectinus xanthodon* Maerkel ?

NOTES

POUR SERVIR A L'HISTOIRE

DES LAGRIES,

(INSECTES COLÉOPTÈRES HÉTÉROMÈRES),

PAR

E. MULSANT et F. GUILLEBEAU.

Présentées à la Société Linnéenne de Lyon, le 1er juillet 1854.

La vie évolutive des Lagries était encore un problème, lorsque, par les soins de M. de Haan, parurent, dans les tomes 18,
19, et 20, des Mémoires du Muséum d'Histoire naturelle de
Paris, les œuvres posthumes (¹) du savant auteur du *Traité
anatomique de la chenille qui ronge le bois de saule.*

Quoique ces observations fussent écrites depuis plus d'un
demi-siècle, le Mémoire de Pierre Lyonnet sur les insectes
dont il est ici question (²), n'en avait pas moins tout l'intérêt

---

(¹) *Anatomie de différents insectes* (Mémoires du Muséum d'Histoire
naturelle de Paris, par les professeurs de cet établissement. *Paris*,
A. Belin, t. 18 (1829) p. 233-312, pl. 9 à 15, et p. 377 à 464, pl. 19 à
24.—t. 19 (1830) p. 57-131, pl. 7 à 10, et p. 341-459, pl. 24 à 39. —
t. 20 (1832) p. 1-241, pl. 1 à 20.

Ces différentes parties ont été reproduites en un volume intitulé :
*Recherches sur l'anatomie et les métamorphoses de différentes espèces
d'insectes*, ouvrage posthume de Pierre Lyonnet, publié par M. W. de
Haan. *Paris, J. B. Baillière*, 1832 *in* 4° et atlas de 54 planches.

(²) Mémoires du Muséum, t. 18. p. 417-420, pl. 22. *larve*, fig. 17, 18,
19; 21, antenne; 22, partie de la tête; 23, mandibule; 24, mâchoire et
palpe maxillaire; 25, partie inférieure de la tête; 26, 27, labre; 28, 29,
30, *nymphe*; 31, *insecte parfait.*

Recherches, etc., p. 112-114, pl. 11. mêmes figures.

de la nouveauté (¹). Il est intitulé : *Ver Scarabée hexapode dont l'hiver est la saison.*

Il ne faudrait cependant pas conclure de ce titre, que la larve dont il va être ici question sort de l'œuf et se développe pendant les mois les plus rigoureux de l'année. Elle éclot vers la fin de l'été, ou dans les premiers temps de l'automne, se nourrit et croît jusqu'à l'approche des froids, et quand la température est devenue assez basse pour engourdir les insectes, elle tombe, comme les autres, en léthargie. Mais elle prend si peu de soin pour se cacher et pour s'abriter, qu'il est facile de la trouver pendant la morte saison. Elle ressent alors aussi plus facilement que beaucoup d'autres, l'influence de la température extérieure, et lorsque des vents doux viennent exceptionnellement attiédir les airs, elle reprend pendant le milieu de la journée le mouvement et l'activité.

On nous permettra de donner la description de cette larve, quoique déjà elle ait été faite par Lyonnet, cet auteur ayant négligé de signaler quelques détails qui servent à la distinguer au premier coup-d'œil, de celle d'une autre espèce de ce genre dont nous parlerons ci-après.

Corps presque eruciforme ; parallèle, subsemicylindrique ; médiocrement convexe ; composé, outre la tête, de douze segments ; hexapode. *Tête* arrondie ; plus large que longue ; penchée ; convexe sur sa partie occipitale ; d'un flave brunâtre ou tirant sur la couleur de poix ; hérissée de poils peu épais ; marquée d'une ligne longitudinale médiane, naissant de sa partie postérieure, avancée longitudinalement jusqu'aux

---

(¹) Latreille avait bien annoncé (Nouveau dictionnaire d'histoire naturelle, t. 17 (1817) p. 210), que M. Svaudoner avait suivi les métamorphoses de la *Lagria hirta*, mais ces observations n'ont pas été publiées.

deux cinquièmes postérieurs, bifurquée en devant en forme de V ; rayée d'un sillon très-marqué sur la suture frontale. *Epistome* transverse ; trapézoïde ; rétréci d'arrière en avant. *Labre* transverse ; presque trilobé, en devant ; hérissé de poils clair-semés. *Mandibules* peu apparentes dans le repos ; semi-cornées ; arquées ; bifides ou bidentées à l'extrémité, concaves et munies à leur bord, de quelques autres dents plus postérieures. *Mâchoires* à un lobe garni de cils flexibles ; munies chacune d'un palpe conique, de trois articles. *Palpes labiaux* coniques ; de deux articles apparents. *Antennes* aussi longuement prolongées que la moitié de la largeur du front ; de quatre articles : le premier ou basilaire, subrugu-leux, blanchâtre : le deuxième, annulaire, court : le troisième, trois fois aussi long qu'il est large, cylindrique, garni de poils fins et assez courts : le quatrième, petit, presque en forme de mamelon, peu distinctement séparé du précédent. *Yeux* représentés par deux à quatre points tuberculeux, noirs, presque unis transversalement, situés derrière chaque antenne. *Anneaux thoraciques* et *abdominaux* d'un brun flavescent ou tirant sur le brun de poix ; hérissés de poils longs assez épais, en partie assez grossiers et assez raides, noirâtres, d'un brun de poix ou d'un gris brun : ces poils, disposés en houppe surtout près des bords latéraux, consti-tuant une sorte de bande transversale, laissant glabre et finement pointillée l'intersection de chaque arceau et les parties voisines : le prothoracique, marqué sur son milieu, d'une tache allongée, brune : chacun des autres, noté sur sa partie médiane basilaire , d'une tache brune ou noirâtre, obtriangulaire, prolongée au moins jusqu'à la moitié de la longueur de l'arceau, et d'une autre tache de même couleur, oblique ou subarrondie, située près de chaque bord latéral : le segment prothoracique de deux tiers plus long que le suivant : les deuxième à onzième presque égaux : le douzième

presque conique, rétréci d'avant en arrière, et terminé par
deux petites pointes cornées, fauves, divergentes, recourbées ;
sans mamelon apparent sur sa face inférieure. *Dessous du
corps* d'une couleur un peu plus livide que le dessus ; peu
garni de poils. *Stigmates* au nombre de neuf paires : la
première, près du bord antérieur du deuxième segment : les
autres, à partir du quatrième anneau. *Pieds* médiocres ;
disposés par paire, sous chacun des segments thoraciques ;
composés chacun de quatre pièces : la dernière terminée
par un ongle pointu.

Cette larve vit au pied des arbres et des haies. On la trouve
pendant l'hiver et au premier printemps, au pied des chênes,
sous les feuilles mortes dont elle se nourrit, ou sous les fagots
entassés dans les bois. Quand on l'inquiète, elle courbe son
corps en arc, se roule sur elle-même et demeure dans le
repos. C'est là son unique moyen de défense. Quand la fin
de sa vie rampante est arrivée, elle se retire, soit parmi
des feuilles, soit dans quelque crevasse ou autres inégalités
du sol, s'y tient deux ou trois jours dans le repos, puis, sans
se construire de coque, se dépouille de son enveloppe et se
montre sous la forme de nymphe.

Les larves recueillies par nous, au printemps, subirent, le
12 juin ([1]), leur seconde métamorphose et le 20 du même
mois se transformèrent en insecte parfait. Voici la description
de la nymphe :

Corps courbé en dehors, sur le dos ; composé de douze
segments, la tête non comprise ; d'un blanc livide, au moment de sa transformation, mais offrant successivement une
teinte moins pâle, plus obscure, surtout à mesure qu'approche
le moment de la sortie de l'insecte parfait ; hérissé de poils

---

([1]) La larve élevée par Lyonnet ne passa à l'état de nymphe que le
3 juillet.

assez fins et assez allongés, d'un fauve brun. *Tête* inclinée. *Palpes* étendus longitudinalement et parallèlement sur la partie médiaire de la poitrine. *Antennes* prolongées sur les côtés de celle-ci, jusque près des cuisses postérieures ; voilées par l'extrémité des cuisses et par la base des jambes des deux premières paires de pieds. *Anneaux du corps* presque d'égale grosseur, jusqu'à l'extrémité du sixième arceau abdominal : les trois derniers graduellement rétrécis : le premier ou prothoracique, près d'une fois plus grand que le suivant, noté d'une tache d'un fauve obscur ou brunâtre de chaque côté de la ligne médiane : le deuxième, plus court que le troisième : ces trois segments thoraciques, dépourvus d'appendices sur les côtés : les six premiers anneaux de l'abdomen, offrant, de chaque côté, un appendice presque cylindrique, arrondi ou obtus à son extrémité, transversalement dirigé, débordant le corps au moins du tiers de la moitié du ventre : cet appendice, court ou rudimentaire, de chaque côté du septième anneau, à peu près nul sur les deux suivants : le dernier segment, fendu longitudinalement à son extrémité : chacune de ces deux parties terminée en pointe membraneuse. *Cuisses* dirigées en dehors, obliquement d'avant en arrière, avec les jambe repliées contre elles : celles des deux premières paires, ne débordant pas le corps : les postérieures, un peu plus longues, le débordant. *Tarses* dirigés longitudinalement de chaque côté de la ligne médiane du dessous du corps : les postérieurs prolongés jusqu'à l'extrémité du cinquième arceau ventral.

De cette nymphe sortit le 20 juin, la

Lagria hirta, Linné. *Tête et prothorax noirs : celui-ci ponctué ; hérissé de poils testacés. Ecusson rugueusement ponctué. Elytres d'un jaune testacé ; hérissées de poils de même couleur ; ruguleusement ponctuées ; à stries plus ou moins faibles. Repli un peu anguleux vers l'extrémité des postépisternums. Dessous du corps, noir sur la poitrine, ordinairement d'un brun testacé sur le ventre ou au moins sur les côtés.*

Pieds hérissés de poils testacés ; noirs sur les cuisses, ordinairement graduellement moins obscurs sur la moitié postérieure des jambes et sur les tarses.

♂. *Yeux* saillants de chaque côté ; séparés sur le front par un espace à peine plus grand que le diamètre transversal du troisième article des antennes. Dernier article de celles-ci aussi long que les trois précédents réunis, parallèle, obliquement coupé à son extrémité. *Prothorax* plus étroit que la tête, dans son diamètre transversal le plus grand. *Elytres* subparallèles, et, par là, paraissant plus allongées que chez la ♀.

♀. *Yeux* peu ou point saillants sur les côtés ; séparés sur le front par un espace égal au moins au diamètre transversal de l'un d'eux, dans sa partie visible en dessus. Dernier article des antennes aussi long que les deux précédents réunis, rétréci vers son extrémité, en ligne courbe à son côté externe. *Prothorax* aussi large à peu près que la tête, dans son diamètre transversal le plus grand. *Elytres* ovales, graduellement élargies jusque vers leur milieu.

Chrysomela hirta, Linn. Syst. nat. 10ᵐᵉ édit.(1758) t. 1, p. 377. 76. — id. Syst. nat. (12ᵐᵉ édit.) t. 1, p. 602. 119. — id. Faun. suec. p. 174. 578. — O. F. Muller, Faun. Insect. Frid. p. 9. 88. — P. L. S. Muller, C. v. Linn. Naturs. 5. 1 p. 201. 119. — Goeze, Entom. Beyt. t. 1. p. 297. 118. — Schrank, Enum. p. 99. 189. — De Villers, C. Linn. Entom. t. 1, p. 167. 189.

La cantharide noire à étuis jaunes, Geoffr. Hist. t. 1. p. 344. 6. (♂).

Tenebrio villosus, De Geer, Mem. t. 5. p. 44. 6, pl. 2, fig. 23 (♀), fig. 24 (♂).

Lagria hirta, Fabr. Syst. Entom. p. 125. 8. — id. Spec. Ins. t. 1, p. 160. 11. — id. Mant. Insector. t. 1. p. 93. 13. — id. Entom. Syst. t. 1. 2. p. 79. 4. — id. Syst. Eleutherator. t. 2, p. 70. 8. — Herbst, *in* Fuessly's Arch. 3ᵐᵉ cah. (1784) p. 68- 1. — Roemer, Gen. p. 44. 35 pl. 34, fig. 22 (17) ♂. — Rossi, Faun. etr. 1. p. 108. 274. — id. ed. Helw. t. 1 (1795) p. 114. 274 ♀ et note ♂. — id. p. 455. 114. ♂ ♀. — Oliv. Encycl. meth. t. 7 (1792) p. 446. 2 (♂). — id. Entom. t. 3, nᵒ 49, p. 4. 2 pl. 1. fig. 1 a b, ♀, c. ♂. — id. Nouv. Dictionn. d'hist. nat. t. 12. (1803) p. 461. — Panz. Entom. Germ. p. 202. 2. (♀). — id. Faun. Germ. 107. 2. (♀). — id. Index, p. 142. ♂ ♀. — Cuv. Tabl. élém. p. 545. — Payk. Faun. suec. t. 2 p. 154. 1. (♂ ♀). — Watck. Faun. Par. t. 1. p. 159. 1 — Tigny, Hist. nat. t. 7. p. 142. pl. fig. 5. (♀). — Latr. Hist. nat. t. 10, p. 351 (♂ ♀).pl. 50, fig. 3 — id.

Gener. t. 2, p. 198. 1. (♂ ♀). — id. Nouv. Dict. d'Hist. nat. t. 17 (1817) p. 209. — Schönh. Syn. Ins. t. 3, p. 9, 10, ♂ ♀. — Gyllenh. Ins. suec. t. 2, p. 504, 1 ♂ ♀. —Lamarck, Anim, s. vert. t. 4. p. 577. 2. — Goldfus, Handb. p. 333.—Dumeril, Dict. des sc. nat. t. 25 (1822) p. 127. 1. — Muls. Lettr. t. 2, p. 296. 1 (♀). — Steph. Illustr. t. 5, p. 33. 1 (♂ ♀). — id. Man. p. 328. 2575. ♂ ☿. — Curtis, Brit. Entom. t. 15. (1836) p. 598. 13. — Sahlb. Ins. fenn. p. 441. 1. — de Casteln. Hist. nat. t. 2. p. 251. 1 pl. 20 fig. 3, ♂ — L. Duf. Excurs. p. 70. 434. — E. Blanchard, in Regne an. de Cuvier, édit. Croch. p. 53 bis, pl. 1, a, labre ; b, mandibule ; c, mâchoire e palpe max. ; d, lèvre ; e, antennes.— L. Redtenb. Faun. aust. p. 629. (♂. ♀).

Lagria pubescens, Fabr. Syst. entom. p. 125. 7 ? — id. Spec. ins. t. 1, p. 160. 10 —id. Mant. t. 1, p. 93. 12 (♀ ?)—id. Ent. Syst. t. 2, p. 79. 3 (♀ ?).—id. Syst. Eleuth. t. 2 p. 70. 6. (♀ ?). — Oliv. Ency. meth. t. 7, p. 446. 6. — Panzer, Ent. Germ. p. 201. 1. (♂) —id. Faun. Germ. 107. 1. (♂). — Tigny, Hist. nat. t. 7 p. 143. — Latr. Hist. nat. t. 10, p. 351. 2. — Muls. Lett. t. 2, p. 291. 2. (♂).

Coccinella hirta, Muller, Zool. Dan. prodr. p. 85. 937.

Cryptocephalus hirtus, Gmel. C. Linn. Syst. nat. t. 1, p. 1730. 236. —Goeze, Faun. Eur. t. 8, p. 418. 13. — Martyn, Engl. Entom. pl. 17, fig. 15.

Auchenia hirta, Marsh. Ent. brit t. 1, p. 218. 10.

Long. 0,0078 à 0,0081 (3 1/2 à 3 2/3 l.). plus grande larg. des élytres. 0,0028 à 0,0030 (1 1/2 à 1 2/5 l.). (   ) ; 0,0036 à 0,0039 (1 2/3 à 1 3/4 l.) (♀).

Elle habite la plus grande partie de l'Europe.

Linné décrivit le premier (1758) sous le nom spécifique de *hirta*, cette espèce qu'il plaça parmi ses Chrysomèles. De Géer, dans le t. 5 de ses Mémoires (1775), l'éloigna de ces derniers insectes, en raison du nombre des articles de ses tarses, et, pour ne pas trop multiplier les genres, la colloqua avec ses Ténébrions, quoiqu'il la trouvât peu convenablement placée dans leurs rangs. Il observa que les mâles ont le corps plus petit, plus étroit et plus allongé que celui des femelles.

1775. La même année, Fabricius, dans son Systema entomologiæ, constitua le genre *Lagria*, dans lequel trouva place la *Chrysomela hirta* de son illustre maître. Près de celle-ci, il en décrivit une autre espèce , sous le nom de *pubescens*. Il serait assez difficile de dire à quel insecte se rapporte la description qui accompagne cette dénomination spécifique, dans les premiers ouvrages du professeur de Kiel. Les expressions : *nigra , thorace marginato villoso , elytris glabris testaceis*, ne peuvent s'appliquer à aucun des sexes de notre Lagrie ; peut-être Fabricius avait-il alors en vue un insecte d'un tout autre genre, la *Chrysomela pubescens* de Linné. Ce qu'il y a de certain , c'est que, dans son Entomologia systematica, il remplaça la phrase diagnostique citée plus haut, par celle-ci : *nigra, villosa thorace tereti* : *puncto medio impresso, elytris testaceis* ; et cependant, par une légèreté qui le rend souvent un guide peu sûr pour la synonymie, il continua à citer la phrase du Systema Naturae qui se rapporte à la *Chrysomela pubescens*.

Dans la dernière diagnose de Fabricius, il est facile de reconnaître notre Lagrie ; mais auquel des deux sexes cette description peut-elle s'appliquer ? Helwig, Panzer, Gyllenhal, et les auteurs plus modernes ont généralement cru y reconnaître le ♂. Latreille seul a soupçonné y voir la ♀ (¹), et nous croyons qu'il a raison. La ♀ seule, en effet, présente souvent sur le prothorax une dépression ou fossette plus ou moins sensible.

De Géer, avons-nous dit, avait déjà remarqué les différences que présentent dans leurs formes le ♂ et la ♀. Helwig, dans l'édition annotée qu'il donna de Rossi, signala en outre la différence que présente, dans sa longueur, chez les deux sexes, le dernier article des antennes. Malgré ces observations, Fabricius continua, dans son Systema Eleutheratorum, à séparer sa *Lagria pubescens* de son *hirta*. L'Entomologiste danois avait-il reconnu, dans ces insectes, deux espèces réellement distinctes? Rien ne le fait supposer. Il existe cependant une autre Lagrie, très-voisine de l'*hirta*, mais d'une taille généralement un peu plus grande ; elle paraît dans la

---

(¹) Genera, t. 2, p. 198, et Nouv. dict. d'hist. nat. t. 17 (1817) p. 210. Dans ce dernier ouvrage Latreille indiqua aussi le rapprochement qu'offrent entre eux les yeux du ♂.

saison printannière plutôt que dans les premiers jours de l'été.

Voici la description de sa Larve :

Corps presque eruciforme ; parallèle ; subsemicylindrique ; médiocrement convexe ; composé, outre la tête, de douze segments ; hexapode. *Tête* arrondie ; ponctuée ; convexe sur sa partie occipitale ; presque de couleur de poix ; hérissée de poils sur le front ; marquée d'une ligne longitudinale médiane, naissant de sa partie postérieure, bifurquée en devant, à partir des deux cinquièmes postérieurs. *Epistome* transverse. *Mandibules* presque cornées ; arquées ; courtes ; peu apparentes dans l'état de repos ; bifides ou bidentées à l'extrémité et munies, à leur bord, de quelques autres dents. *Mâchoires* à un lobe garni de cils flexibles ; munies chacune d'un palpe conique, de trois articles. *Palpes labiaux* coniques ; de deux articles apparents. *Antennes* de quatre articles : le basilaire, subglobuleux, blanchâtre : le deuxième, annulaire ; le troisième, cylindrique, allongé, cilié ou garni de poils, principalement sur les côtés : le quatrième, petit, presque en forme de mamelon, peu distinct du précédent. *Yeux* représentés par trois ou quatre points tuberculeux, situés presque transversalement derrière les antennes. *Anneaux thoraciques* et *abdominaux* presque d'un brun de poix ou de café brûlé ; hérissés de poils longs, assez épais, en partie assez grossiers et assez raides, noirâtres, d'un brun de poix ou d'un gris brun, disposés presque en forme de houppe, surtout près des bords latéraux, constituant sur chaque anneau une bande transversale, laissant glabres et finement pointillées l'intersection de chaque anneau et ses parties voisines : l'anneau prothoracique près d'une fois plus long que chacun des deux suivants : ceux-ci un peu plus grands que les premier à huitième de l'abdomen : le dernier rétréci d'avant en arrière et terminé par deux pointes noires, obtuses, presque contiguës. *Dessous du corps* noirâtre ; peu garni de poils couchés ou mi-couchés. *Pieds* au nombre de six, disposés par paire, sous chacun des segments thoraciques : la dernière terminée par un ongle aigu.

Cette larve presque semblable à celle de la *L. hirta*, en diffère par sa teinte ordinairement un peu plus foncée, et par le dernier anneau du corps terminé par deux pointes presque contiguës et parallèles, et paraissant souvent n'en constituer qu'une seule, peu ou point recourbées, noires, obtuses à leur extrémité. Elle vit également de feuilles sèches au pied des haies ou dans les bois. Long. 0,0100 à 0,0112 (4 1/2 à 5 l.).

Elle ne prend pas plus de précautions que la précédente pour subir sa métamorphose. Dans ce second état, elle a tant d'analogie pour la forme avec celle de la *L. hirta*, qu'il est inutile d'en donner la description.

Les nymphes se sont montrées le 23 mai, et le 30 du même mois a paru l'insecte parfait, dont voici la description :

Lagria atripes. *Tête et prothorax noirs : celui-ci, à peine poin_tillé ; hérissé de poils testacés. Ecusson pointillé. Elytres d'un jaune testacé ; hérissées de poils de même couleur ; ruguleusement ponctuées ; à stries plus ou moins faibles. Repli graduellement et très-faiblement rétréci. Dessous du corps et pieds ordinairement très-noirs, luisants. Dessous des tarses garni de poils d'un fauve testacé.*

♂ et ☿. Mêmes caractères distinctifs que chez l'espèce précédente.

Environs de Lyon et midi de la France.

Long. 0,0090 à 0,0095 (4 à 4 1/4 l.) Plus grande largeur des élytres 0,0033 (1 1/2 l.) (♂); 0,0045 à 0,0048 (2 à 2 1/8 l.) (♀).

Obs. Elle a la taille plus grande ; les antennes proportionnellement un peu plus épaisses ; l'écusson plus allongé et plus triangulaire ; les pieds à peine pointillés au lieu d'être ponctués ; le ventre rarement brun de poix sur les côtés.

DESCRIPTION

D'UNE

ESPÈCE NOUVELLE DU GENRE PAUSSUS,

PAR

E. MULSANT.

(Présentée à la Société Linnéenne de Lyon , le 12 juin 1854.)

Paussus Mariæ.

Suballongé ; en majeure partie d'un rouge brun : deuxième article des antennes épais, ovale : le dernier, comme replié sur lui-même, creusé d'une cavité elliptique rayée de chaque côté de quatre ou cinq sillons verticaux séparés par des intervalles convexes, relevé en forme de dent à son extrémité. Prothorax creusé vers le milieu de sa longueur d'un sillon transverse sur les deux tiers médiaires de sa largeur ; armé d'une dent, de chaque côté, entre les angles de devant et ce sillon ; peu convexe, entaillé au bord antérieur du sillon. Elytres glabres ; imponctuées, brunes, bordées de rouge brun. Pygidium muni d'un rebord postérieur cilié et dentelé.

Long. 0,0059 (2 2⁄3 l.). Larg. 0,0022 (1 l.).

Corps suballongé ; presque plat. *Tête* d'un rouge brun ; rugueuse ou presque râpeuse sur le front et sur sa partie antérieure, presque lisse postérieurement ; creusée après le front,

d'un sillon transversal assez faible; entaillée en angle très-ouvert
au bord antérieur de l'épistome, avec les angles de devant subarrondis. *Antennes* d'un rouge brun; à deuxième article épais,
ovalaire; marqué de points serrés, donnant chacun naissance à
un poil cendré assez court, peu apparent. Dernier article une fois
et demie plus long que le premier; comme replié sur lui-même;
ponctué vers ses deux extrémités et peu sensiblement sur le
reste; garni de poils peu nombreux, fins, courts et d'un fauve
livide; tronqué à la base, avec l'angle antéro-interne vif et presque en forme de dent; déprimé d'abord, parallèle et séparé
de la partie repliée jusqu'au tiers de sa longueur, soit réellement,
soit par un sillon; offrant sa partie repliée, c'est-à-dire la partie
externe ou postérieure, elliptique, concave, creusée de chaque
côté de cette concavité de quatre ou cinq sillons verticaux, séparés par des intervalles convexes ou des espèces de côtes :
cette partie elliptique comprimée et tranchante à son bord apical,
et relevée en forme de dent à la partie supérieure de celui-ci.
Prothorax d'un rouge brun; presque carré, d'un cinquième
environ plus long que large; tronqué à son bord antérieur ;
bissubsinué à sa base; peu convexe; à peu près impointillé ;
faiblement rebordé en devant, à peine relevé en rebord à sa base ;
creusé, vers le milieu de sa longueur, d'un sillon transverse
profond, couvrant les deux tiers médiaires de sa largeur; marqué d'une entaille au milieu du bord antérieur de ce sillon;
tranchant sur les côtés, élargi, en forme de dent, entre les angles
de devant et la partie antérieure du sillon transverse, qui, dans
ce point, se prolonge jusqu'au bord externe, presque parallèle
ensuite ou plutôt rétréci au devant des angles postérieurs.
Ecusson petit; triangulaire, plus long que large; d'un rouge
brun ou d'un brun rouge. *Elytres* d'un tiers plus larges en devant
que le prothorax à son bord postérieur; une fois et demie plus
longues que lui; subarrondies aux épaules; graduellement un
peu élargies depuis les épaules jusqu'à l'extrémité; tronquées à

celle-ci, ou faiblement échancrées en arc, prises ensemble; sans rebord sensible et brièvement ciliées sur les côtés; presque planes sur le dos, déprimées de chaque côté de la suture ; à peu près impointillées; brunes, avec la périphérie d'un rouge brun. *Pygidium* d'un rouge brun; muni, à sa partie postérieure, d'un rebord cilié et dentelé : ces dentelures subcoriaces. *Dessous du corps* d'un brun rouge ou d'un rouge brun, parfois d'un rouge brun testacé. *Pieds* bruns ou d'un brun rouge; marqués de points donnant chacun naissance à un poil livide : cuisses antérieures et intermédiaires peu épaisses, presque cylindriques : jambes grêles : cuisses et jambes postérieures convexes en dessus, planes en dessous : les cuisses, renflées, ovalaires : les jambes, très-dilatées, presque parallèles.

Patrie : Tarsous (Caramanie).

Cette espèce a été rapportée de Tarsous par M. Alexandre Wachanru. Puisse-t-elle longtemps rappeler le souvenir de son épouse chérie, de cette pauvre Marie, enlevée si douloureusement à sa tendresse, et à l'étude des insectes, qui avait su la passionner !

DESCRIPTION

D'UNE

ESPÈCE NOUVELLE DE BUPRESTIDE,

PAR

E. MULSANT.

(Présentée à la Société Linnéenne de Lyon, le 12 juin 1854.)

Lampra mirifica.

Dessus du corps d'un vert ou d'un vert bleu sur la moitié médiaire, doré ou d'un vert doré à reflets cuivreux sur les côtés. Prothorax un peu anguleux vers les deux cinquièmes ; grossièrement ponctué près des côtés, plus finement sur le dos ; orné d'une bande longitudinale médiaire lisse, ordinairement d'un noir violet, paré habituellement d'une autre bande interrompue, de même couleur dans la direction de chaque sinuosité. Elytres en arc dentelé et dirigé en arrière à leur extrémité ; rugueusement ponctuées ; parées sur les intervalles sutural, deuxième, troisième, cinquième, septième et neuvième, de taches ou plaques lisses carrées, d'un noir violet, généralement isolées : le septième n'en offrant que deux, et le neuvième une au plus, avant le milieu de la longueur.

Long. 0,0100 à 0,0125 (4 1/2 à 5 1/2 l.). Larg. 0,0036 à 0,0052 ,1 2,3 à 2 1/3 l.).

Corps suballongé; peu convexe. *Tête* d'un vert doré, presque dorée sur le front; rugueusement couverte de points confluents; rayée, à partir de sa partie postérieure, d'une ligne longitudinale médiaire, qui se change parfois sur le front en un relief peu marqué. *Epistome* échancré à son bord antérieur et enfermant le labre dans cette échancrure. *Antennes* à peu près aussi longuement prolongées que les côtés du prothorax ; comprimées et dentées au côté interne, à partir du quatrième article ; garnies de quelques poils blanchâtres; d'un noir violet. *Prothorax* assez faiblement échancré en arc à son bord antérieur; élargi en ligne presque droite jusqu'aux deux cinquièmes ou parfois un peu plus de la longueur de ses côtés, sensiblement anguleux dans ce point, presque parallèle ou à peine rétréci ensuite; sinué ou entaillé à la base vers chaque cinquième externe de celle-ci, avec la partie intermédiaire arquée en arrière et un peu plus prolongée que les angles : ceux-ci, rectangulaires ; de deux tiers environ plus large que long; marqué, près des côtés, de points gros, ronds, confluents et séparés par des espaces tranchants ; moins grossièrement ponctué sur le dos ; offrant sur la ligne médiane une bande longitudinale lisse, imponctuée; ordinairement d'un noir violet, vert sur le dos, c'est-à-dire sur la moitié médiaire environ de sa largeur, doré sur les côtés, souvent avec des nuances d'un rouge cuivreux; ordinairement paré dans la direction de chaque sinuosité basilaire, d'une bande longitudinale d'un noir violet, interrompue dans son milieu; offrant parfois, entre chacune de celles-ci et la médiane, une autre bande de même couleur, naissant du bord postérieur et avancée jusqu'aux deux cinquièmes postérieurs ; creusé d'une fossette près des côtés, vers le milieu de la longueur ; noté d'un point fossette à l'extrémité de la ligne médiane. *Ecusson* une fois plus large que long ; un peu élargi d'avant en arrière; bissinué à son bord postérieur, avec la partie médiaire un peu prolongée en pointe ; lisse; vert, vert violâtre ou brun violet. *Elytres* d'un cinquième ou d'un sixième plus larges en devant que le prothorax à ses angles postérieurs ; subarrondies aux épaules; presque parallèles jusqu'à la moitié de leur longueur , ou plutôt faiblement sinueuses entre les épaules et cette moitié, rétrécies ensuite, arquées chacune en arrière et denticulées à l'extrémité ; munies d'un bord latéral peu relevé en gouttière très-étroite, et denticulé à partir de la moitié de sa longueur ; peu convexes ; à dix stries, y comprise la juxta-marginale ou celle formée par le rebord ; vertes, ou plus ordinairement d'un vert bleuâtre depuis la suture jusqu'à la cinquième strie, depuis la base jusqu'à la moitié, et jusqu'à la quatrième depuis cette moitié jusqu'à l'extrémité, dorées ou d'un doré à reflets d'un cuivre rouge doré, sur les côtés ; parées sur les intervalles sutural, deuxième, troisième, cinquième, septième et neuvième, de taches ou plutôt de plaques lisses, presque carrées, d'un noir violet, généralement isolées : le septième intervalle n'en offrant que deux, depuis la base jusqu'à la moitié : le neuvième n'en offrant point ou n'en montrant qu'une petite, jusqu'au même point. *Intervalles* plans ; ponctués un peu rugueusement sur les parties non couvertes des taches d'un noir violet : les quatrième à sixième plus courts : les autres à peu près prolongés jusqu'à l'extrémité. *Dessous du corps* ponctué ; d'un vert doré sur les parties pectorales, à reflet bleu sur le ventre, surtout à l'extrémité de celui-ci. Dernier arceau de l'abdomen échancré presque en demi-cercle à l'extrémité, avec les extrémités de ces arcs en angle aigu. *Pieds* d'un vert doré.

Cette espèce est exclusivement méridionale.

ESSAI SPÉCIFIQUE

SUR LES SCOPAEUS

DES ENVIRONS DE LYON,

PAR

E. MULSANT et CL. REY.

Lu à la Société Linnéenne de Lyon, le 13 mars 1854.

GENRE **Scopaeus**, ERICHSON [1].

Obs. Ce genre a été détaché avec raison des *Lathrobium* par
feu Erichson qui n'en mentionne que quatre espèces européennes;
plusieurs autres ayant été découvertes depuis cette époque, nous
avons cru devoir en faire connaître les caractères en publiant
ce petit essai. Bien que le savant cité plus haut ait parfaitement
décrit les quatre espèces déjà connues, nous avons été obligés
d'en répéter les descriptions, afin qu'étant mises en regard de
celles des nouvelles espèces, on puisse mieux en saisir les
différences principales.

Les neuf espèces qui, pour nous, composent ce petit genre,
ne diffèrent entre elles, au premier coup-d'œil, que par des
nuances de taille, de forme ou de couleur. Mais ces caractères,
du reste de peu d'importance, acquièrent une grande valeur par
le concours que viennent leur prêter des distinctions bien
saillantes dans la structure du sixième arceau ventral des ♂.

---

[1] Gener. et spec. staphylinorum, p. 604.

4

Outre les caractères génériques indiqués par Erichson, on peut encore observer que les tibias antérieurs sont obtusément spinosules en dessous, et que la pièce prébasilaire est lisse comme dans le genre *Pœderus* et les premiers *Pœderini*, au lieu qu'elle est ponctuée dans les *Stilicus*, les *Sunius* et la plupart des *Lithocharis*. La pièce basilaire, également lisse, est creusée en forme de sillon longitudinal, plus ou moins resserré.

PREMIÈRE DIVISION.

Tête suborbiculaire ou obovale, à angles postérieurs fortement arrondis, pas plus large en arrière que vers les yeux, obtusément arrondie ou légèrement tronquée à la base.

Prothorax non canaliculé, surtout au sommet.

1. Scop. lævigatus, Gyllenhal.

Elongatus, modicè convexus, pube subtili brevi griseâ sericans ; subtiliter punctulatus, subnitidus, nigro-piceus, antennis pedibusque rufo-testaceis ; capite suborbiculato ; thorace subovato, basi distinctè bifoveolato ; elytris thorace longioribus ; abdomine ponè medium dilatato, apicem versùs fortiùs attenuato.

Pœderus lævigatus. Gyl. Ins. Suec. IV. 483, 4-5.
Lathrobium lævigatum. Er. Col. March. 1. 510, 12. — Hrer. Faun. helv. 237, 3.
Scopaeus lævigatus. Er. Gen. et Spec. Staph. 605, 1.

Long. 0,0033 (1 ligne 1/2).

Var. *a.* Capitis vertice thoraceque piceo-rufescentibus. Elytris apice dilutiùs rufo-piceis.

Var. *b.* Capite, thorace elytrisque rufescentibus.

♂. Cinquième arceau ventral largement, mais peu profondément échancré. Le sixième avec une entaille profonde et circulaire dont l'ouverture est terminée de chaque côté par deux dents : la première saillante et noirâtre, la deuxième située à la suite de la précédente et recourbée extérieurement.

♀. Cinquième arceau ventral simple. Le sixième légèrement prolongé en triangle arrondi.

Corps allongé ; assez convexe ; d'un noir de poix assez brillant ; couvert d'une pubescence fine, courte, soyeuse et grisâtre.

Tête un peu plus large que le prothorax ; suborbiculaire ; assez convexe postérieurement, un peu rétrécie et déprimée en avant ; légèrement arrondie sur les côtés, fortement aux angles postérieurs, et un peu moins large en arrière que vers les yeux ; d'un noir de poix assez brillant, avec le tubercule antennifère ordinairement plus clair ; finement et densement ponctuée ; parée de quelques longs poils autour des yeux, et d'un autre solitaire près des angles postérieurs. *Yeux* assez grands ; noirs ; médiocrement saillants, inférieurement subarrondis, et subsinueux à leur bord supérieur. *Parties de la bouche* d'un roux-testacé, avec le troisième article des *palpes maxillaires* plus obscur. *Labre* pilosellé.

Antennes plus courtes que la tête et le prothorax réunis ; un peu plus épaisses à l'extrémité ; pubescentes, d'un roux-testacé ; à premier article en massue allongée : les deuxième et troisième obconiques : le deuxième plus grêle et plus d'une fois plus court que le premier : le troisième un peu plus petit et un peu plus grêle que le deuxième : les quatrième à dixième graduellement plus courts et insensiblement plus épais : les huitième, neuvième et dixième pas plus longs que larges : le dernier subovalaire, subitement acuminé au sommet, d'une moitié plus long que le précédent.

Prothorax près d'une moitié plus étroit que les élytres ; subovale ; légèrement arrondi aux angles antérieurs et sur les côtés ; atténué au sommet, triangulairement échancré à celui-ci ; obtusément tronqué à la base, très-finement rebordé à celle-ci (¹) ;

(¹) Ce rebord, qui existe dans toutes les espèces, est excessivement fin et visible seulement à un certain jour.

un peu plus étroit en arrière et largement arrondi aux angles postérieurs ; assez convexe ; d'un noir de poix assez brillant ; finement et densement ponctué ; offrant sur son milieu un espace longitudinal lisse, étroit ; marqué vers la base de deux fossettes distinctes, arrondies, rapprochées, séparées entre elles par une carène courte, lisse. *Cou* brillant, lisse, d'un brun plus ou moins rougeâtre.

Ecusson semi-circulaire, finement ponctué, d'un noir de poix.

Elytres près d'un tiers plus longues que le prothorax, très-légèrement arrondies sur les côtés ; légèrement convexes et simultanément impressionnées le long de la suture derrière l'écusson ; aussi finement, mais un peu moins densement ponctuées que la tête et le prothorax ; d'un noir de poix assez brillant, avec l'angle externe et souvent tout le bord apical roussâtre.

Abdomen assez fortement rebordé ; beaucoup plus finement et plus densement ponctué que le reste du corps ; couvert d'une pubescence plus fine et beaucoup plus serrée ; convexe ; assez fortement élargi après le milieu et puis subitement rétréci en arrière (♂) ; d'un noir de poix peu brillant, avec le bord postérieur des cinquième et sixième segments et le septième entièrement d'un testacé plus ou moins obscur : celui-ci assez saillant (♂) : le cinquième distinctement membraneux à son bord apical : les quatre premiers paraissant, à un certain jour, plus ou moins siviblement (les premier et deuxième surtout) et très-étroitement bordés de testacé à leur sommet. *Anus* pilosellé.

Dessous de la tête brillant, distinctement ponctué ; d'un brun plus ou moins rougeâtre. *Dessous du prothorax* brillant, glabre, lisse, rougeâtre. *Poitrine* presque lisse ; d'un noir brillant. *Ventre* très-finement et très-densement ponctué ; finement pubescent ; d'un noir de poix assez brillant (♂), avec le sommet des quatre premiers arceaux, la moitié postérieure du cinquième

sixième entièrement d'un testacé-rougeâtre. *Pieds* pubescents ;
d'un roux-testacé. *Tibias intermédiaires* passablement-dilatés.
Les *antérieurs* assez forts, avec deux ou trois longs poils au-
dessus du sinus de leur arête inférieure.

Hab. Cette espèce est très-répandue dans les endroits humides,
parmi les mousses, les feuilles mortes et autres-détritus végétaux.

Obs. Outre les distinctions sexuelles ci-dessus indiquées, la ♀
diffère encore du ♂ par une forme généralement un peu plus
grêle, par son prothorax un peu moins atténué au sommet et un
peu plus fortement arrondi aux angles antérieurs, et par son
abdomen moins convexe, moins élargi vers le milieu et beaucoup moins rétréci postérieurement. Le ventre est aussi plus
mat.

Dans cette espèce la couleur de la tête, du prothorax, des
lytres et du ventre varie-du noir de poix-au roux-ferrugineux.
Souvent l'extrémité-des élytres est seule de cette dernière couleur.
Dans les-variétés claires, les quatre premiers segments abdomi-
aux sont visiblement bordés de testacé à leur sommet.

2. Scop. apicalis.

*Elongatus , gracilis , subdepressus , pube subtilissimâ brevi griseâ
ensiùs sericans ; subtilissimè punctulatus, parùm nitidus, fusco-piceus,
ntennis subelongatis-pedibus anoque rufo-testaceis; capite breviter obo-
ato ; thorace oblongo, basi distinctè bifoveolato ; elytris thorace paulò
longioribus ; abdomine ponè medium levissimè dilatato, apicem versùs
attenuato.*

Long. 0,0033 (1 ligne 1/2).

Var. *a.* Capitis basi, thorace elytrisque piceo-rufis.

♂. Cinquième arceau ventral très-légèrement sinueux. Le
sixième bissinueusement échancré et marqué en avant de l'é-
chancrure d'une légère dépression longitudinale.

♀. Cinquième arceau ventral simple. Le sixième légèrement prolongé en triangle arrondi.

Corps allongé, étroit ; subdéprimé ; d'un brun de poix peu brillant ; densement couvert d'une pubescence très-fine, courte, soyeuse et grisâtre.

Tête à peine plus large que le prothorax ; en ovale court et obtusément tronqué ; légèrement convexe postérieurement, assez rétrécie en avant où elle est largement et triangulairement dé-primée ; très-légèrement arrondie sur les côtés, assez fortement aux angles postérieurs et pas plus large en arrière que vers les yeux ; d'une couleur de poix peu brillante et un peu rougeâtre sur le vertex, avec le tubercule antennifère d'un roux testacé ; très-finement et très-densement ponctuée ; parée de quelques longs poils autour des yeux et d'un autre solitaire près des angles postérieurs. *Yeux* assez grands ; noirs ; peu saillants ; inférieure-ment subarrondis, et subsinueux à leur bord supérieur. *Parties de la bouche* d'un roux testacé assez clair. *Labre* pilosellé.

Antennes un peu plus courtes que la tête et le prothorax réunis ; à peine plus épaisses à l'extrémité ; pubescentes ; d'un roux testacé ; à premier article en massue allongée : les deuxiè-me et troisième assez allongés, obconiques, subégaux : le deuxième plus grêle et plus d'une fois plus court que le pre-mier : le troisième un peu plus grêle que le deuxième : les quatrième à dixième graduellement un peu plus courts et insen-siblement plus épais, mais toujours sensiblement plus longs que larges : le dernier, ovalaire, acuminé au sommet, d'une moitié plus long que le précédent.

Prothorax d'un tiers plus étroit que les élytres, oblong, assez fortement arrondi aux angles antérieurs, presque droit sur les côtés ; atténué au sommet et circulairement échancré à celui-ci ; obtusément tronqué à la base, très-finement rebordé à celle-ci ; un peu plus étroit en arrière et largement arrondi aux angles postérieurs ; peu convexe ; d'un brun de poix peu brillant et un

peu roussâtre ; très-finement et très-densement ponctué, offrant
sur son milieu un espace lisse, très-étroit, à peine visible ; marqué vers la base de deux fossettes ovales, assez distinctes, rapprochées, séparées entre elles par une carène étroite, lisse, assez
saillante, atteignant presque le quart de la longueur du prothorax. *Cou* brillant, lisse, d'un brun de poix plus ou moins
rougeâtre.

Ecusson semi-circulaire ; très-finement ponctué ; d'un brun de
poix obscur.

Elytres à peine d'un quart plus longues que le prothorax ;
presque droites sur les côtés ; déprimées, à peine impressionnées
derrière l'écusson ; presque aussi finement et presque aussi
densement ponctuées que la tête et le prothorax ; d'un brun de
poix peu brillant, avec l'extrémité un peu plus claire.

Abdomen assez fortement rebordé ; beaucoup plus finement
et plus densement ponctué que le reste du corps ; couvert
d'une pubescence plus fine et beaucoup plus serrée ; légèrement convexe ; presque linéaire ou faiblement élargi vers le
milieu et sensiblement rétréci en arrière (σ) ; d'un brun de poix
opaque, avec la moitié postérieure du cinquième segment, les
sixième et septième entièrement d'un roux testacé : celui-ci
assez saillant (σ) : le cinquième distinctement membraneux à
son bord apical ; les quatre premiers plus ou moins visiblement
(les premier et deuxième surtout) et très-étroitement bordés de
testacé à leur sommet. *Anus* pilosellé.

Dessous de la tête brillant ; distinctement ponctué, rougeâtre.
Dessous du prothorax brillant, glabre, lisse, rougeâtre. *Poitrine*
très légèrement ponctuée, d'un noir de poix assez brillant. *Ventre*
très-finement et très-densement ponctué, finement et densement
pubescent, d'un brun de poix opaque avec le bord apical des
quatre premiers segments, les deux tiers postérieurs du cinquième, les sixième et septième entièrement d'un roux testacé.
Pieds pubescents, d'un roux testacé. *Tibias intermédiaires*

peu dilatés. Les *antérieurs* médiocres, avec deux ou trois longs poils au-dessus du sinus de leur arête inférieure.

Hab. Belleville, sur les bords de la Saône. Très-rare.

Obs. La ♀ se distingue en outre du ♂ par son abdomen moins étréci en arrière.

Dans la var. *a,* la partie postérieure de la tête, le prothorax et les élytres sont d'un roux de poix plus ou moins clair. Les quatre premiers segments abdominaux sont aussi plus distinctement bordés de testacé à leur sommet.

On remarque quelquefois, en avant de la carène du prothorax une courte et très-légère trace de sillon longitudinal, visible seulement à un certain jour.

Cette espèce diffère du *Sc. laevigatus* par une forme plus étroite et plus déprimée, par sa ponctuation plus fine, par sa tête et son prothorax plus allongés, par ses antennes plus longues et plus grêles, par son abdomen beaucoup moins élargi vers le milieu, par la couleur plus claire de l'anus, et enfin par la structure du sixième arceau ventral du ♂.

Peut-être doit-elle être rapportée au *Scopaeus bicolor* baudi, (Studi entomologici. T. 1. p. 135)? mais le cinquième segment ventral du ♂ n'est point longitudinalement impressionné, ni profondément échancré.

3. Scop. sericans.

Elongatus, gracilis, parùm convexus, pube subtilissimâ brevissimâ grised densiùs sericans; subtilissimè punctulatus, parùm nitidus, rufopiceus, abdomine opaco nigricante, antennis pedibusque testaceis; thorace lætè rufo, oblongo, basi bifaveolato ; capite breviter ovato, oculis parvis; elytris thorace vix longioribus ; abdomine ponè medium leviter dilatato, apicem versùs attenuato.

Long. 0,0033 (1 ligne 1/2).

Var, *a.* Elytris rufis, basi aut circà scutellum infuscatis.

Var. *b.* Corpere toto rufo, thorace, pedibus, antennis, palpisque dilutioribus.

♂. Cinquième arceau ventral très-légèrement sinueux. Le sixième avec une entaille triangulaire profonde.

♀. Cinquième arceau ventral simple. Le sixième légèrement prolongé en triangle arrondi.

Corps allongé, étroit, peu convexe, peu brillant, plus ou moins rougeâtre, avec l'abdomen obscur; couvert d'une pubescence très-fine, très-courte, soyeuse et grisâtre.

Tête à peine plus large que le prothorax; en ovale court et obtusément tronqué; légèrement convexe postérieurement, assez rétrécie en avant où elle est largement et triangulairement déprimée; très-légèrement arrondie sur les côtés, assez fortement aux angles postérieurs et pas plus large en arrière que vers les yeux; d'un roux de poix peu brillant et un peu plus clair sur le vertex, avec le tubercule antennifère d'un roux testacé; très-finement et très-densement ponctuée; parée de quelques longs poils autour des yeux et sans long poil solitaire apparent vers les angles postérieurs. *Yeux* assez petits, noirs, peu saillants, inférieurement subarrondis et un peu aplatis ou imperceptiblement subsinueux à leur bord supérieur. *Parties de la bouche* d'un roux testacé assez clair. *Labre* pilosellé.

Antennes plus courtes que la tête et le prothorax réunis; un peu plus épaisses à l'extrémité; pubescentes; d'un roux testacé; à premier article en massue allongée: les deuxième et troisième subégaux, obconiques: le deuxième plus grêle et plus d'une fois plus court que le premier: le troisième un peu plus grêle que le deuxième; les quatrième à dixième graduellement plus courts et un peu plus épais: les huitième, neuvième et dixième à peine aussi longs que larges, presque transversaux: le dernier brièvement subovalaire, snbitement acuminé au sommet, d'un tiers plus long que le précédent.

Prothorax près d'un tiers plus étroit que les élytres, oblong, légèrement arrondi aux angles antérieurs, presque droit sur les côtés; atténué au sommet et circulairement échancré à celui-ci;

très-légèrement sinueux au milieu de la base, très-finement rebordé à celle-ci ; peu convexe ; d'un rouge clair, assez brillant ; très-finement et très-densement ponctué, offrant sur son milieu un espace longitudinal lisse , très-étroit ; marqué vers la base de deux fossettes plus ou moins arrondies, quelquefois bien apparentes et séparées entre elles par un intervalle assez étroit, plus ou moins caréné, d'autrefois obsolètes et séparées par un intervalle assez large, peu élevé et obtus. *Cou* lisse, brillant, plus ou moins rougeâtre.

Ecusson semi-circulaire, finement ponctué, d'un roux de poix plus ou moins ferrugineux.

Elytres à peine plus longues que le prothorax, presque droites sur les côtés ; subdéprimées et simultanément impressionnées le long de la suture derrière l'écusson ; un peu moins finement et un peu moins densement ponctuées que la tête et le prothorax ; d'un roux brunâtre peu brillant, avec l'extrémité et quelquefois les épaules un peu plus claires.

Abdomen rebordé, plus finement et beaucoup plus densement ponctué que la tête et le prothorax ; couvert d'une pubescence plus fine et beaucoup plus serrée ; légèrement convexe, un peu élargi après le milieu et assez subitement rétréci en arrière (σ) ; d'un noir de poix opaque, avec le bord postérieur des cinquième et sixième segments et le septième entièrement d'un testacé plus ou moins obscur : celui-ci assez saillant : le cinquième distinctement membraneux à son bord apical : les quatre premiers, à un certain jour, plus ou moins visiblement (les premier et deuxième surtout) et très-étroitement bordés de testacé à leur sommet. *Anus* piloscllé.

Dessous de la tête, distinctement ponctué, brillant , d'un rouge-clair. *Dessous du prothorax* brillant ; glabre ; lisse ; d'un rouge-clair. *Poitrine* finement ponctuée ; d'un brun de poix assez brillant. *Ventre* très-finement et très-densement ponctué ; fine-

ment et densement pubescent ; d'un rouge-ferrugineux peu
brillant, plus ou moins clair.

Pieds pubescents ; testacés. *Tibias intermédiaires* peu dilatés.
Les *antérieurs* médiocres, avec deux ou trois longs poils au-
dessus du sinus de leur arête inférieure.

Hab. Cette espèce se rencontre sur les bords du Rhône,
parmi les débris accumulés par les débordements du fleuve.

Obs. La ♀ se distingue en outre du ♂ par son abdomen
moins élargi vers le milieu et moins rétréci à l'extrémité, et par
le ventre plus opaque.

Dans la var. *a*, les élytres sont rougeâtres, avec la base ou
seulement la région scutellaire plus obscure. Dans la var. *b*,
le corps est entièrement rougeâtre avec le prothorax, les pieds,
les antennes et les palpes plus clairs.

Cette espèce diffère de la précédente par sa couleur, par sa
tête un peu plus étroite, par ses élytres plus courtes, par ses
antennes moins longues et moins grêles, et enfin par la structure
du sixième arceau ventral du ♂. Ses yeux sont aussi proportionnellement bien moindres que dans les deux autres espèces de
cette division.

DEUXIÈME DIVISION.

Tête plus ou moins carrée, à angles postérieurs légèrement
arrondis, sensiblement plus large en arrière que vers les yeux,
fortement tronquée ou échancrée à la base.

Prothorax finement canaliculé, au moins au sommet.

4. Scop. rubidus.

*Elongatus, leviter convexus, pube subtili brevi griseâ sericans ;
subtiliter punctulatus, subnitidus, rufus, capite elytrorumque basi
infuscatis, abdomine nigricante, antennis pedibusque rufo-testaceis ;
capite subquadrato; thorace subovato, basi obsoletè bifoveolato, anticè*

*et posticè tenuissimè canaliculato ; elytris thorace pàulò longioribus ;
abdomine ponè medium modicè dilatato, apicem versùs leviter attenuato.*

Long. 0,0033 (1 ligne 1/2).

Var. *a*. Capite elytrisque totis rufis.

♂. Cinquième arceau ventral largement, mais peu profondément échancré. Le sixième avec une entaille triangulaire, assez
profonde et peu aiguë. Ces deux arceaux ombragés de longs
poils sur les bords de leur échancrure.

♀. Cinquième arceau ventral simple. Le sixième légèrement
prolongé en triangle obtus, arrondi.

Corps allongé, légèrement convexe, assez brillant, rougeâtre,
avec la tête et l'abdomen obscurs ; couvert d'une pubescence
assez courte, fine, soyeuse et grisâtre.

Tête plus large que le prothorax ; presque carrée ; légèrement
échancrée à sa base ; assez convexe postérieurement, rétrécie et
un peu déprimée en avant ; légèrement arrondie sur les côtés et
aux angles postérieurs ; sensiblement plus large en arrière que
vers les yeux ; d'un roux-brunâtre assez brillant et un peu plus
obscur antérieurement, avec le tubercule antennifère ferrugineux ; finement et densement ponctuée ; parée de quelques
longs poils autour des yeux, et sans long poil solitaire vers les
angles postérieurs. *Yeux* médiocres ; noirs ; assez saillants ;
subarrondis. *Parties de la bouche* d'un roux-testacé, avec les
mandibules plus obscures. *Labre* pilosellé.

Antennes sensiblement plus courtes que la tête et le prothorax
réunis ; plus épaisses à l'extrémité ; pubescentes ; d'un roux-
testacé ; à premier article en massue allongée : les deuxième et
troisième subégaux, obconiques : le deuxième plus grêle et plus
d'une fois plus court que le premier : le troisième un peu plus
grêle que le deuxième : les quatrième à dixième graduellement
plus courts et plus épais : le septième à peine aussi long que

large : les huitième, neuvième et dixième assez sensiblement transversaux : le dernier ovalaire, acuminé au sommet, plus de moitié plus long que le précédent.

Prothorax près d'un tiers plus étroit que les élytres; subovale, légèrement arrondi aux angles antérieurs, presque droit sur les côtés ; atténué au sommet et circulairement échancré à celui-ci ; tronqué à sa base; très-finement rebordé à celle-ci ; un peu plus étroit en arrière et largement arrondi aux angles postérieurs; légèrement convexe ; d'un rouge de brique brillant; beaucoup plus finement et plus légèrement ponctué que la tête et les élytres, offrant sur son milieu un espace longitudinal lisse, très-étroit ; marqué vers la base de deux fossettes ovales, obsolètes, séparées entre elles par un intervalle assez large, peu élevé, et souvent réunies en arrière par un sillon transversal ; présentant en outre en avant un sillon longitudinal fin, court et quelquefois peu apparent, et un autre un peu plus long situé sur l'intervalle des deux fossettes. *Cou* lisse, brillant ; d'un brun plus ou moins rougeâtre.

Ecusson semi-circulaire ; finement ponctué ; brunâtre.

Elytres un peu plus longues que le prothorax; presque droites sur les côtés ; légèrement convexes, simultanément et légèremen impressionnées derrière l'écusson ; pas plus finement, mais u peu moins densement ponctuées que la tête ; d'un rougeâtre asse* brillant, avec la moitié antérieure plus ou moins obscure.

Abdomen rebordé; beaucoup plus finement et plus densemen ponctué que les élytres ; couvert d'une pubescence plus fine e' plus serrée; assez convexe, sensiblement élargi après le milieu et légèrement rétréci en arrière ; d'un noir peu brillant, avec le bord postérieur des cinquième et sixième segments d'un testacé obscur : le septième ordinairement caché : le cinquième distinctement membraneux à son bord apical : les quatre premiers, à un certain jour, plus ou moins visiblement bordés de testacé à leur sommet. *Anus* pilosellé.

Dessous de la tête brillant ; distinctement ponctué ; rougeâtre.
Dessous du prothorax brillant ; glabre ; d'un rouge clair. *Poitrine*
finement ponctuée ; d'un brun de poix assez brillant. *Ventre* très-
finement et densement ponctué ; finement pubescent; d'un noir
de poix assez brillant, avec l'extrémité du cinquième arceau et
le sixième d'un roux testacé plus ou moins obscur.

Pieds pubescents ; d'un roux testacé. *Tibias intermédiaires*
passablement dilatés. Les *antérieurs* assez forts, avec deux ou
trois longs poils au-dessus du sinus de leur arête inférieure.

Hab. Cette espèce est un peu plus rare que la précédente.
Elle se rencontre de la même manière et dans les mêmes localités.

Obs. La ♀ se distingue en outre du ♂ par son abdomen encore
moins rétréci à l'extrémité, et par son ventre plus opaque, à pubescence plus serrée et moins longue.

Les élytres et la tête sont quelquefois entièrement rougeâtres,
sauf la partie antérieure de celle-ci qui reste toujours un peu
plus obscure.

Cette espèce, quant à sa forme assez robuste et assez convexe
son prothorax peu allongé et son abdomen assez élargi, semble
être à la deuxième division ce que le *Sc. lœvigatus* est à la
première. Elle est seule, avec le *Sc. sericans*, qui ne présente
pas de poil solitaire plus long, vers les angles postérieurs de la
tête. Elle lui ressemble beaucoup par les couleurs, mais s'en
éloigne par la forme de la tête et des antennes, par son prothorax canaliculé, et par les longs poils qui ombragent l'échancrure
des cinquième et sixième arceaux du ventre chez les ♂.

5. Scop. didymus. Erichson.

*Elongatus, leviter convexus, pube subtili brevi griseâ sericans;
subtiliter punctulatus, nitidulus, niger, antennis pedibusque piceo-
testaceis; capite subquadrato; thorace oblongo, basi obsoletiùs bifoveolato, anticè et posticè tenuissimè canaliculato; elytris thorace paulò*

longioribus; abdomine ponè medium levissimè dilatato, apicem versùs leviter attenuato.

Scop. didymus. En. Gen. et Spec. Staph. 602, 2.

Long. 0,0030 — 0,0033 (1 ligne 1/3 — 1 1/2.)

Var. *a.* Capite, thorace, elytrisque fusco-piceis.
Var. *b.* Pedibus antennisque basi piceis.

♂. Cinquième arceau ventral très-légèrement échancré. Le sixième avec une entaille triangulaire assez profonde et marqué en avant de l'entaille de deux sillons légèrement arqués en dehors.

♀. Cinquième arceau ventral simple. Le sixième légèrement prolongé en triangle obtus, arrondi.

Corps allongé; légèrement convexe; assez brillant; noir; couvert d'une pubescence courte, fine, soyeuse et grisâtre.

Tète un peu plus large que le prothorax; presque carrée, tronquée ou très-légèrement échancrée à sa base; légèrement convexe postérieurement, un peu rétrécie et très faiblement déprimée en avant; légèrement arrondie sur les côtés et aux angles postérieurs; un peu plus large en arrière que vers les yeux; d'un noir brillant, avec le tubercule antennifère roussâtre; finement et densement ponctuée; parée de quelques longs poils autour des yeux et d'un autre solitaire aux angles postérieurs. *Yeux* médiocres, noirs, peu saillants, subarrondis. *Parties de la bouche* couleur de poix. *Palpes* d'un testacé ferrugineux avec le troisième article des *maxillaires* plus obscur. *Labre* pilosellé.

Antennes sensiblement plus courtes que la tête et le prothorax réunis; un peu plus épaisses à l'extrémité; pubescentes; d'un testacé ferrugineux assez obscur; à premier article en massue allongée: les deuxième et troisième subégaux, obconiques : le deuxième plus d'une fois plus court que le premier, le troisième un peu plus grêle que le deuxième: les quatrième à dixième graduellement plus courts et insensiblement plus épais: le septième pas plus long que large : les huitième, neuvième et dixième légèrement transversaux : le dernier ovalaire , subitement acuminé au sommet ; de moitié plus long que le précédent.

Prothorax d'un tiers plus étroit que les élytres ; oblong, légèrement arrondi aux angles antérieurs, presque droit sur les côtés; atténué au sommet et circulairement échancré à celui-ci; tronqué à sa base et très-finement rebordé à celle-ci ; un peu plus étroit en arrière et largement arrondi aux angles postérieurs ; très-légèrement convexe ; d'un noir brillant ; densement et un peu plus finement ponctué que la tête et les élytres ; offrant un espace longitudinal lisse, très-peu apparent et souvent nul ; marqué vers la base de deux fossettes arrondies, obsolètes, séparées entre elles par un intervalle ordinairement peu élevé, et souvent réunies en arrière par un sillon transversal ; présentant sur le dos un sillon longitudinal très-fin, plus marqué à la base et au sommet, et le plus souvent interrompu au milieu. *Cou* lisse, brillant, d'un brun de poix.

Ecusson semi-circulaire ; finement ponctué ; d'un noir assez brillant.

Elytres un peu plus longues que le prothorax ; presque droites sur les côtés ; très-légèrement convexes et simultanément impressionnées le long de la suture derrière l'écusson ; finement et densement ponctuées ; un peu moins brillantes que la tête et le prothorax ; noires , avec l'extrémité quelquefois d'un brun de poix.

Abdomen rebordé, beaucoup plus finement et plus densement ponctué que le reste du corps ; couvert d'une pubescence plus fine et plus serrée ; légèrement convexe ; faiblement élargi après le milieu et légèrement rétréci en arrière ; d'un noir peu brillant, avec l'extrémité des cinquième et sixième segments couleur de poix : le septième caché ou à peine saillant : le cinquième distinctement membraneux à son bord apical. *Anus* pilosellé.

Dessous de la tête brillant ; distinctement ponctué ; d'un brun ferrugineux. *Dessous du prothorax* brillant ; glabre ; lisse ; d'un brun ferrugineux obscur. *Poitrine* légèrement ponctuée ; d'un noir de poix assez brillant. *Ventre* très-finement et très-densement ponctué ; d'un noir de poix assez brillant, avec l'extrémité des cinquième et sixième arceaux plus claire.

Pieds pubescents, d'un testacé obscur. *Tibias intermédiaires* peu dilatés. Les *antérieurs* médiocres, avec deux ou trois longs poils au-dessus du sinus de leur arête inférieure.

Hab. Cette espèce se rencontre, mais peu communément, sous les pierres, dans les expositions chaudes de nos collines.

Obs. Dans la var. *a*, la tête, le prothorax et les élytres sont d'un brun de poix un peu roussâtre. Dans la var. *b*, les pieds et quelquefois la base des antennes sont d'une couleur de poix plus ou moins foncée.

Erichson paraît n'avoir connu que cette dernière variété, qui est rare dans nos localités. En outre, il ne signale pas les deux sillons du sixième arceau ventral du ♂. Néanmoins , tous les autres caractères cadrant exactement avec la description originale de l'auteur prussien, il n'y a point pour nous de doute sur l'identité de l'espèce en question.

6. Scop. abbreviatus.

Elongatus, leviter convexus, pube subtili brevi griseâ sericans ; subtilissimè punctulatus, nitidulus, piceus, elytris abdomineque nigris, pedibus incrassatis antennisque rufo-testaceis ; capite subquadrato ; thorace oblongo , basi obsoletè bifoveolato , anticè et posticè tenuissimè canaliculato ; elytris thorace brevioribus, distinctiùs punctatis ; abdomine ponè medium modicè dilatato, apicem versùs leviter attenuato.

Scop. brevipennis, Guillebeau, in litteris.

Long. 0,0028 (1 ligne 1/4).

Var. *a.* Thorace ferrugineo.
Var. *b.* Capite thoraceque ferrugineis.
Var. *c.* Capite, thorace elytrisque ferrugineis.

♂. Cinquième arceau ventral légèrement et bissinueusement échancré. Le sixième avec une entaille triangulaire assez profonde.

♀. Cinquième arceau ventral simple. Le sixième légèrement prolongé en triangle obtus, arrondi.

Corps allongé ; légèrement convexe ; assez brillant ; couleur de poix, avec les élytres et l'abdomen plus obscurs ; couvert d'une pubescence courte, fine, soyeuse et grisâtre, pas très·serrée.

Tête un peu plus large que le prothorax ; presque carrée ; tronquée à la base ou très-légèrement échancrée au milieu de celle-ci ; assez convexe postérieurement ; rétrécie et très-faiblement déprimée en avant ; légèrement arrondie sur les côtés et aux angles postérieurs ; un peu plus large en arrière que vers les yeux ; d'une couleur de poix brillante, avec le tubercule antennifère d'un roux testacé ; très-finement et très-densement ponctuée ; parée de quelques longs poils obscurs autour des yeux et d'un autre solitaire vers les angles postérieurs. *Yeux* assez petits, noirs, peu saillants, subarrondis , *Parties de la bouche* ferrugineuses. *Palpes* d'un roux testacé, avec le troisième article des maxillaires souvent plus obscur. *Labre* pilosellé.

Antennes plus courtes que la tête et le prothorax réunis ; un peu plus épaisses à l'extrémité ; pubescentes ; d'un roux testacé ; à premier article en massue allongée : les deuxième et troisième obconiques : le deuxième plus grêle et plus d'une fois plus court que le premier : le troisième un peu plus grêle et un peu plus court que le deuxième : les quatrième à dixième graduellement plus courts et insensiblement plus épais ; le septième pas plus long que large : les huitième, neuvième et dixième à peine aussi longs que larges ou très-légèrement transversaux : le dernier ovalaire, acuminé au sommet, de moitié plus long que le précédent.

Prothorax antérieurement de la largeur des élytres ; oblong ; légèrement arrondi aux angles antérieurs ; presque droit sur les côtés ; atténué au sommet et circulairement échancré à celui-ci ; obtusément tronqué à la base et très-finement rebordé à celle-ci ; un peu plus étroit en arrière et largement arrondi aux angles postérieurs ; légèrement convexe ; d'une couleur de poix brillante ; densement et plus finement ponctué que la tête, avec un espace lisse à peine visible ; marqué vers la base de deux fossettes plus ou moins ovales, obsolètes, souvent peu apparentes, séparées entre elles par un intervalle ordinairement peu élevé, et réunies en arrière par un sillon transversal ; présentant en outre sur le dos un sillon longitudinal très-fin, plus marqué à la base et au sommet, souvent interrompu au milieu, et quelquefois réduit à une légère trace vers le sommet. *Cou* brillant, lisse, d'un brun plus ou moins rougeâtre.

Elytres un peu plus courtes que le prothorax ; presque droites sur les côtés ; légèrement convexes, simultanément et faiblement impressionnées derrière l'écusson ; distinctement et rugueusement ponctuées ; d'un noir de poix et un peu moins brillantes que la tête et le prothorax.

Abdomen rebordé, encore plus finement et plus densement ponctué que le prothorax ; couvert d'une pubescence plus fine et plus serrée ; assez convexe ; sensiblement élargi après le milieu et faiblement rétréci vers le sommet ; d'un noir assez brillant, avec l'extrémité des cinquième et sixième segments couleur de poix : le septième caché : le cinquième distinctement membraneux à son bord apical. *Anus* pilosellé.

Dessous de la tête brillant, distinctement ponctué ; d'un rougeâtre plus ou moins clair. *Dessous du prothorax* brillant ; glabre ; lisse ; d'un brun de poix plus ou moins clair. *Poitrine* légèrement ponctuée ; d'un noir de poix assez brillant. *Ventre* finement et densement ponctué ; finement pubescent ; d'un noir de poix assez brillant, avec l'extrémité des cinquième et sixième arceaux d'un roux de poix plus ou moins clair.

Pieds pubescents ; d'un roux testacé ; robustes. *Tibias intermé-*

diaires assez fortement dilatés : les *postérieurs* passablement. Les *antérieurs* assez forts, avec deux ou trois longs poils au-dessus du sinus de leur arête inférieure.

HAB. Cette espèce est assez rare aux entours de Lyon. Elle se rencontre au printemps et à l'automne, sous les pierres, aux bords des champs, principalement dans nos petites montagnes.

OBS. Elle se distingue facilement de toutes les autres par l'épaisseur des pieds et surtout des tibias intermédiaires ; par ses élytres rugueusement ponctuées et plus courtes que le pro-thorax.

Souvent le prothorax est plus ou moins ferrugineux ; quelquefois la tête et le prothorax, plus rarement la tête, le prothorax et les élytres sont aussi de cette même couleur.

Cette espèce figurait dans la collection de M. Guillebeau sous le nom de *brevipennis,* qui lui convenait parfaitement ; et ce n'est qu'à regret que nous avons été forcés de le changer, à cause du *Pæderus brevipennis* et pour éviter, dans la même tribu au moins, la répétition de deux mêmes dénominations spécifiques.

7. Scop. cognatus,

Elongatus, leviter convexus, pube subtili brevi griseâ sericans ; subtilissimè punctulatus, nitidulus, piceus, elytris abdomineque nigricantibus, pedibus incrassatis antennisque rufo-testaceis ; capite subquadrato ; thorace oblongo-ovato, basi obsoletè bifoveolato, anticè et posticè tenuissimè canaliculato ; elytris thoracis longitudine, distinctiùs punctatis ; abdomine ponè medium modicè dilatato, apicem versùs leviter attenuato.

Long. 0,0028 (1 ligne 1/4).

Var. *a.* Thorace ferrugineo.
Var. *b.* Capite thoraceque ferrugineis.
Var. *c.* Capite, thorace elytrisque ferrugineis.

♂. Cinquième arceau ventral légèrement échancré. Le sixième

avec une entaille triangulaire à sommet arrondi ; creusé de deux impressions arquées en dedans , postérieurement convergentes , et qui entourent latéralement l'entaille de manière à en faire réfléchir fortement les bords.

♀. Cinquième arceau ventral simple. Le sixième légèrement prolongé en triangle obtus, arrondi.

Corps allongé ; légèrement convexe ; assez brillant ; d'un brun de poix , avec les élytres et l'abdomen plus obscurs ; couvert d'une pubescence courte, fine et grisâtre, pas très-serrée.

Tête un peu plus large que le prothorax ; presque carrée ; tronquée à la base ou très-légèrement échancrée au milieu de celle-ci; assez convexe postérieurement ; rétrécie et très-faiblement déprimée en avant ; légèrement arrondie sur les côtés et aux angles postérieurs ; un peu plus large en arrière que vers les yeux ; d'un brun de poix brillant , avec le tubercule antennifère d'un roux testacé ; très-finement et très-densement ponctuée, avec un espace lisse très-réduit sur le vertex, souvent nul ; parée de quelques longs poils obscurs autour des yeux et d'un autre solitaire vers les angles postérieurs. *Yeux* assez petits , noirs, peu saillants, subarrondis. *Parties de la bouche* ferrugineuses. *Palpes* d'un roux testacé, avec le troisième article des *maxillaire* plus obscur. *Labre* pilosellé.

Antennes plus courtes que la tête et le prothorax réunis ; un peu plus épaisses à l'extrémité ; pubescentes ; d'un roux testacé ; à premier article en massue allongée : les deuxième et troisième obconiques : le deuxième un peu plus grêle et plus d'une fois plus court que le premier : le troisième un peu plus grêle et un peu plus court que le deuxième : les quatrième à dixième graduellement plus courts et insensiblement plus épais : le septième pas plus long que large : les huitième, neuvième et dixième à peine aussi longs que larges ou très-légèrement transversaux : le dernier ovalaire, acuminé au sommet, de moitié plus long que le précédent.

Prothorax antérieurement de la largeur des élytres ; ovale-oblong, légèrement arrondi aux angles antérieurs, presque droit sur les côtés ; atténué au sommet et circulairement échancré à celui-ci ; obtusément tronqué à la base et très-finement rebordé à celle-ci ; un peu plus étroit en arrière et largement arrondi aux angles postérieurs ; légèrement convexe ; d'un brun de poix brillant ; densement et plus finement ponctué que la tête, avec un espace lisse, très-réduit, à peine visible ; marqué vers la base de deux fossettes plus ou moins ovales, obsolètes, souvent peu apparentes, séparées entre elles par un intervalle ordinairement peu élevé, et réunies en arrière par un sillon transversal ; présentant en outre sur le dos un sillon longitudinal très-fin, plus marqué à la base et au sommet, et souvent interrompu au milieu. *Cou* brillant, lisse, d'un brun plus ou moins rougeâtre.

Elytres de la longueur du prothorax ; presque droites sur les côtés ; légèrement convexes ; simultanément et faiblement impressionnées derrière l'écusson ; distinctement et rugueusement ponctuées ; d'un noir assez brillant.

Abdomen rebordé ; encore plus finement et plus densement ponctué que le prothorax ; couvert d'une pubescence plus fine et plus serrée ; assez convexe ; sensiblement élargi après le milieu et faiblement rétréci vers le sommet ; d'un noir assez brillant, avec l'extrémité des cinquième et sixième segments couleur de poix : le septième caché : le cinquième distinctement membraneux à son bord apical. *Anus* pilosellé.

Dessous de la tête brillant ; distinctement ponctué ; d'un rougeâtre plus ou moins clair. *Dessous du prothorax* brillant ; glabre ; lisse ; d'un brun rougeâtre plus ou moins clair. *Poitrine* légèrement ponctuée ; d'un noir de poix assez brillant. *Ventre* finement et densement ponctué ; finement pubescent ; d'un noir de poix assez brillant, avec l'extrémité des cinquième et sixième arceaux d'un roux ferrugineux plus ou moins clair.

Pieds pubescents ; d'un roux testacé ; assez robustes. *Tibias intermédiaires* assez fortement dilatés : les *postérieurs* légèrement. Les *antérieurs* assez forts, avec deux ou trois longs poils au-dessus du sinus de leur arête inférieure.

Hᴀʙ. Cette espèce se rencontre mais rarement, dans les champs et les jardins.

Elle ressemble beaucoup à la précédente, mais les élytres sont plus longues, le prothorax est un peu plus court et l'abdomen un peu moins convexe; enfin le sixième arceau ventral des ♂, dont nous avons vu quatre exemplaires identiques, est remarquable par les impressions arquées qui font réfléchir les bords de son échancrure.

La tête, le prothorax et les élytres varient du noir de poix au ferrugineux plus ou moins clair.

8. Scop. minutus. Eʀɪᴄʜsoɴ.

Elongatus, sublinearis, subdepressus; pube subtili brevissimâ griseâ densiùs sericans; subtilissimè punctulatus, subnitidus, piceus, antennis pedibusque testaceis; capite subquadrato; thorace oblongo, basi obsoletè bifoveolato, ánticè et posticè tenuissimè canaliculato: elytris thoracis longitudine; abdomine ponè medium vix dilatato, apicem versùs levissimè attenuato.

Latrobium pumilum. Hᴇᴇʀ, Faun. helv. 236, 2.
Scopæus minutus. Er. Gen. et Spec. Staph. 606, 3.

Long. 0,0028 — 0,0030 (1 ligne 1/4 — 1 1/3).

Var. A. *Scop. debilis :* Corpore minore, angustiore.
Var. B. *Scop. intermedius :* Nigro-piceus, thorace elytris angustiore, his thorace longioribus.
Var. *a.* Capite thoraceque fusco-ferrugineis.
Var. *b.* Capite, thorace elytrisque fusco-ferrugineis.
Var. *c.* Capite, thorace, elytris anoque lætè rufis.

♂. Cinquième arceau ventral très-obsolètement bissinueux. Le sixième avec une entaille triangulaire assez profonde.

♀. Cinquième arceau ventral simple. Le sixième légèrement
prolongé en triangle obtus arrondi.

Corps allongé ; sublinéaire ; subdéprimé ; assez brillant ; couleur de poix ; densement couvert d'une pubescence très-courte,
fine et grisâtre.

Tête un peu plus large que le prothorax ; presque carrée ;
tronquée à la base ou légèrement échancrée au milieu de celle-ci ;
légèrement convexe postérieurement ; rétrécie et très-faiblement
déprimée en avant ; légèrement arrondie sur les côtés et aux
angles postérieurs ; un peu plus large en arrière que vers les
yeux ; d'une couleur de poix assez brillante, avec le tubercule
antennifère testacé ; très-finement et densement ponctuée ; parée
de quelques longs poils autour des yeux et d'un autre solitaire
vers les angles postérieurs. *Yeux* assez petits; noirs; peu saillants ;
subarrondis. *Parties de la bouche* ferrugineuses. *Palpes* testacés.
Labre pilosellé.

Antennes plus courtes que la tête et le prothorax réunis ; un
peu plus épaisses à l'extrémité ; pubescentes ; testacées ; à premier
article en massue allongée : les deuxième et troisième subégaux,
obconiques : le deuxième plus grêle et plus d'une fois plus court
que le premier : les quatrième à dixième graduellement plus
courts et insensiblement plus épais : les huitième, neuvième et
dixième à peine plus larges que longs : le dernier ovale, acuminé au sommet; d'une moitié plus long que le précédent.

Prothorax antérieurement de la largeur des élytres ; oblong,
légèrement arrondi aux angles antérieurs, presque droit sur les
côtés ; atténué au sommet, faiblement et circulairement échancré à celui-ci ; obtusément tronqué à la base et très-finement
rebordé à celle-ci ; un peu plus étroit en arrière et largement
arrondi aux angles postérieurs ; subdéprimé ; d'un noir de poix
assez brillant ; très-finement et densement ponctué, avec un
espace lisse peu visible, souvent nul ; marqué vers la base de
deux fossettes ovales, obsolètes, souvent peu apparentes, séparées

entre elles par un intervalle ordinairement peu élevé, et réunies
en arrière par un sillon transversal; présentant en outre sur le
dos un sillon longitudinal très-fin, plus marqué à la base et au
sommet, le plus souvent interrompu au milieu, et quelquefois
réduit à une légère trace vers le sommet. *Cou* brillant, lisse, d'un
brun plus ou moins rougeâtre.

Ecusson semi-circulaire; finement ponctué; d'un brun de poix.

Elytres de la longueur du prothorax; presque droites sur les
côtés; subdéprimées, simultanément et légèrement impressionnées derrière l'écusson; densement et beaucoup moins finement
ponctuées que la tête et le prothorax, et un peu moins brillantes;
d'un brun de poix, avec l'extrémité et quelquefois la suture un
peu ferrugineuses.

Abdomen rebordé; encore plus finement et plus densement
ponctué que la tête et le prothorax; couvert d'une pubescence
plus fine et plus serrée; légèrement convexe; sublinéaire ou très-
faiblement élargi vers le milieu, légèrement rétréci au sommet;
d'un noir de poix peu brillant, avec l'extrémité des cinquième et
sixième segments plus claire : le septième caché ; le cinquième
distinctement membraneux à son bord apical; les quatre premiers plus ou moins visiblement et étroitement bordés de testacé
à leur sommet. *Anus* pilosellé.

Dessous de la tête brillant; distinctement ponctué; d'un brun
plus ou moins rougeâtre. *Dessous du prothorax* brillant; glabre;
lisse; d'un brun plus ou moins rougeâtre. *Poitrine* légèrement
ponctuée; d'un noir de poix brillant. *Ventre* très-finement et
très-densement ponctué; finement pubescent; d'un noir de poix
assez brillant, avec l'extrémité du cinquième arceau et le sixième
entièrement d'un ferrugineux plus ou moins obscur.

Pieds pubescents; testacés. *Tibias intermédiaires* passablement
dilatés. Les *antérieurs* médiocres, avec deux ou trois long poils
au-dessus du sinus de leur arête inférieure.

Hab. Cette espèce est commune partout, sur le bord des rivières, sous les pierres dans les champs, parmi les mousses et les feuilles mortes dans les bois.

C'est une des plus variables, soit pour la forme, soit pour la couleur. Ses variétés, quant à la forme, peuvent se réduire à trois principales : 1°. *Sc. minutus* Er., variété typique, à prothorax de la largeur des élytres et élytres de la longueur du prothorax. 2°. variété *debilis,* à taille plus petite et plus grêle. 3°. variété *intermedius,* à prothorax plus étroit que les élytres et élytres un peu plus longues que le prothorax, variété ordinairement plus obscure et faisant en quelque sorte, quant à sa forme, le passage du *minutus* type au *minimus* Er. Dans ces trois catégories la couleur varie également du noir de poix au rouge ferrugineux.

Quelquefois le prothorax est assez distinctement canaliculé dans toute sa longueur, d'autres fois seulement au sommet. La ponctuation des élytres est aussi plus ou moins forte et plus ou moins rugueuse ; la taille plus ou moins étroite, et l'abdomen plus ou moins resserré à sa base. Nous conservons même un individu ♂, appartenant aux variétés claires et dont le cinquième arceau ventral est beaucoup plus distinctement bissinueux que dans les autres ♂ de la même espèce.

Toutes ces variations n'étant point constantes, et après avoir passé en revue une centaine de sujets et reconnu des passages insensibles de l'une à l'autre forme , nous avons été obligés de les réunir toutes sous une même espèce.

9. Scop. minimus Erichson.

Elongatus , linearis, subdepressus , pube subtili brevissimâ griseâ sericans ; subtilissimè punctulatus, nigro-piceus, antennis pedibusque piceo-testaceis ; capite oblongo-subquadrato , angulis posticis fortiùs rotundatis; thorace oblongo, basi obsoletè bifoveolato, apice subtilissimè canaliculato ; elytris thoracis longitudine ; abdomine ponè medium vix dilatato, apicem versùs leviter attenuato.

Lathrobium minimum, Er. Col. march. 1. 511. 13 — Heer. Faun. Helv. 236, 1.
Scopaeus minimus, Er. Gen. et Spec. Staph. 607. 4.

Long. 0,0028 (1 ligne 1/4).

Var. *a*. Capite thoraceque rufo-piceis.
Var. *b*. Pedibus fusco-piceis.

♂. Cinquième arceau ventral très-légèrement échancré. Le sixième avec une entaille triangulaire à sommet arrondi.

♀. Cinquième arceau ventral simple. Le sixième légèrement prolongé en triangle obtus, arrondi.

Corps allongé; linéaire; subdéprimé; assez brillant; d'un noir de poix; couvert d'une pubescence très-courte, fine, soyeuse et grisâtre.

Tête plus large que le prothorax; en carré long; tronquée à la base ou très-légèrement échancrée au milieu de celle-ci; légèrement convexe postérieurement; rétrécie et très-faiblement déprimée en avant; légèrement arrondie sur les côtés et assez fortement aux angles postérieurs; un peu plus large en arrière que vers les yeux; d'un noir de poix assez brillant, avec le tubercule antennifère testacé; très-finement et densement ponctuée; parée de quelques longs poils autour des yeux et d'un autre solitaire vers les angles postérieurs. *Yeux* assez petits; noirs; peu saillants; subarrondis. *Parties de la bouche* ferrugineuses. *Palpes* testacés, avec le troisième article des *maxillaires* plus obscur. *Labre* pilosellé.

Antennes plus courtes que la tête et le prothorax réunis; un peu plus épaisses à l'extrémité; pubescentes; d'un testacé de poix plus ou moins clair; à premier article en massue allongée : les deuxième et troisième subégaux, obconiques : le deuxième plus d'une fois plus court que le premier : le troisième un peu plus grêle que le deuxième: les quatrième à dixième graduellement plus courts et un peu plus épais : les huitième, neuvième et dixième pas plus larges que longs : le dernier ovalaire, acuminé au sommet, d'une moitié plus long que le précédent.

Prothorax un peu plus étroit que les élytres ; oblong ; légèrement arrondi aux angles antérieurs, presque droit sur les côtés ; atténué au sommet, très-faiblement et circulairement échancré à celui-ci ; obtusément tronqué à la base et très-finement rebordé à celle-ci ; un peu plus étroit en arrière et largement arrondi aux angles postérieurs ; subdéprimé ; d'un noir de poix assez brillant ; très-finement et très-densement ponctué, offrant un espace longitudinal lisse, très-réduit, souvent peu apparent ; marqué vers la base de deux fossettes ovales, obsolètes, quelquefois assez distinctes, séparées entre elles par un intervalle lisse, assez étroit, plus ou moins élevé ; présentant en outre vers le sommet un sillon longitudinal très-fin, assez court. *Cou* lisse, brillant, d'un noir de poix.

Ecusson petit ; semi-circulaire ; ponctué ; d'un noir de poix.

Elytres de la longueur du prothorax ; presque droites sur les côtés ; subdéprimées, simultanément et légèrement impressionnées derrière l'écusson ; un peu moins finement et un peu moins densement ponctuées que la tête et le prothorax ; un peu moins brillantes ; noires, avec la partie postérieure de la suture et l'extrémité souvent d'un ferrugineux obscur.

Abdomen rebordé ; très-finement et très-densement ponctué ; couvert d'une pubescence très-fine et très-serrée ; légèrement convexe ; sublinéaire ou très-faiblement élargi vers le milieu, légèrement rétréci vers le sommet ; d'un noir peu brillant, avec l'extrémité du cinquième segment et le sixième d'une couleur de poix plus ou moins claire : le septième caché : le cinquième distinctement membraneux à son bord apical : les quatre premiers plus ou moins visiblement et étroitement bordés de testacé à leur sommet. *Anus* pilosellé.

Dessous de la tête assez brillant ; distinctement ponctué, d'un brun de poix plus ou moins roussâtre. *Dessous du prothorax*

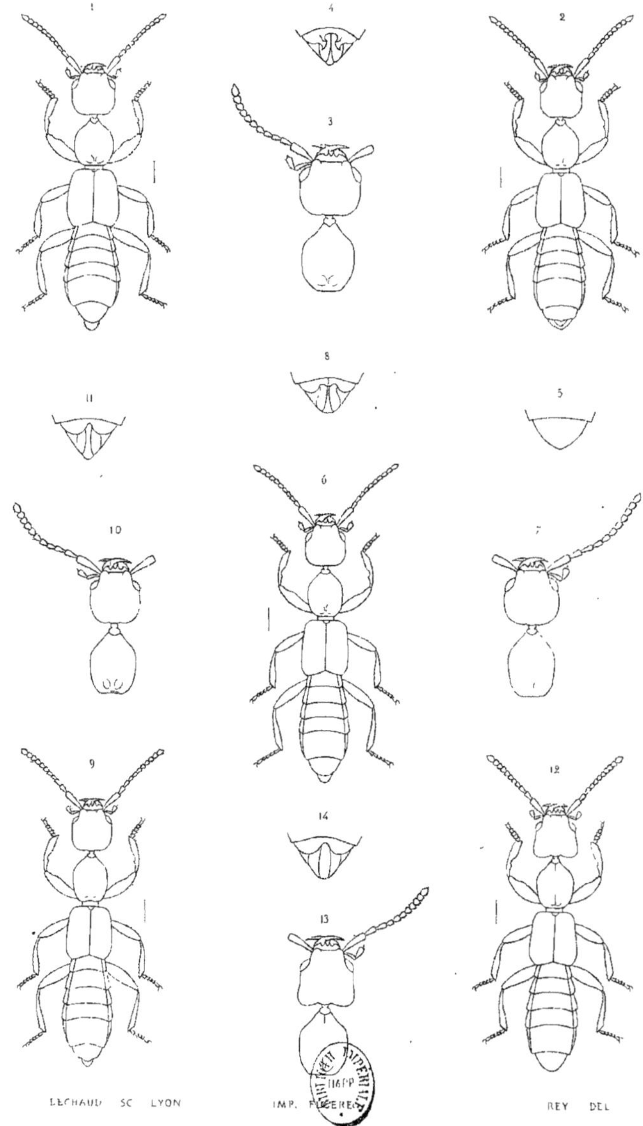

1
4
2
3
8
11
5
10
6
7
9
14
12
13
LÉCHAUD SC LYON
IMP. FULGEREL
REY DEL.

brillant; glabre; lisse; d'un brun de poix. *Poitrine* obsolètement ponctuée; d'un noir assez brillant. *Ventre* très-finement ponctué; finement pubescent; d'un noir assez brillant, avec l'extrémité des cinquième et sixième arceaux d'un roux de poix.

Pieds assez grêles; pubescents; d'une couleur de poix testacée, souvent assez claire. *Tibias antérieurs* médiocres, avec deux ou trois longs poils au-dessus du sinus de leur arête inférieure.

Hab. Cette espèce est rare dans nos localités. Elle préfère les contrées méridionales.

Obs. La couleur est quelquefois plus ou moins roussâtre sur la tête et le prothorax. Les pieds sont assez rarement d'une couleur de poix assez obscure.

Cette espèce se distingue aisément de ses voisines par sa forme plus linéaire, sa ponctuation plus fine, et surtout par les angles postérieurs de la tête plus largement arrondis.

EXPLICATION DES PLANCHES.

PLANCHE I.

Fig. 1. *Scopaeus laevigatus* ♂.
— 2. *Scopaeus laevigatus* ♀.
— 3. Tête, antenne et prothorax du *Scopaeus laevigatus* ♂.
— 4. Cinquième et sixième arceaux du ventre dans le *Scopaeus laevigatus* ♂.
— 5. Cinquième et sixième arceaux du ventre dans le *Scopaeus laevigatus* ♀ et dans tous les *Scopaeus*.
— 6. *Scopaeus apicalis* ♂.
— 7. Tête, antenne et prothorax du *Scopaeus apicalis*.
— 8. Cinquième et sixième arceaux du ventre dans le *Scopaeus apicalis*. ♂.

Fig. 9. *Scopaeus sericans* ♂.

— 10. Tête, antenne et prothorax du *Scopaeus sericans*.

— 11. Cinquième et sixième arceaux du ventre dans le *Scopaeus sericans* ♂.

— 12. *Scopaeus rubidus* ♂.

— 13. Tête, antenne et prothorax du *Scopaeus rubidus*.

— 14. Cinquième et sixième arceaux du ventre dans le *Scopaeus rubidus* ♂.

PLANCHE II.

Fig. 1. *Scopaeus didymus. Er.* ♂.

— 2. Tête et prothorax du *Scopaeus didymus*.

— 3. Cinquième et sixième arceaux du ventre dans le *Scopaeus didymus* ♂.

— 4. *Scopaeus abbreviatus* ♂.

— 5. Cinquième et sixième arceaux du ventre dans le *Scopaeus abbreviatus* ♂.

— 6. *Scopaeus cognatus* ♂.

— 7. Cinquième et sixième arceaux du ventre dans le *Scopaeus cognatus* ♂.

— 8. Tête, antennes et prothorax des *Scopaeus abbreviatus* et *cognatus*.

— 9. *Scopaeus minutus Er.* ♂.

— 10. *Scopaeus minutus,* variété *intermedius* ♂.

— 11. Tête, antenne et prothorax du *Scopaeus minutus,* variété *intermedius*.

— 12. Cinquième et sixième arceaux du ventre dans le *Scopaeus minutus* ♂.

— 13. Cinquième et sixième arceaux du ventre dans le *Scopaeus minutus* ♂ variété.

— 14. *Scopaeus minimus. Er.* ♂.

— 15. Tête, antenne et prothorax du *Scopaeus minimus*.

— 16. Cinquième et sixième arceaux du ventre dans le *Scopaeus minimus* ♀.

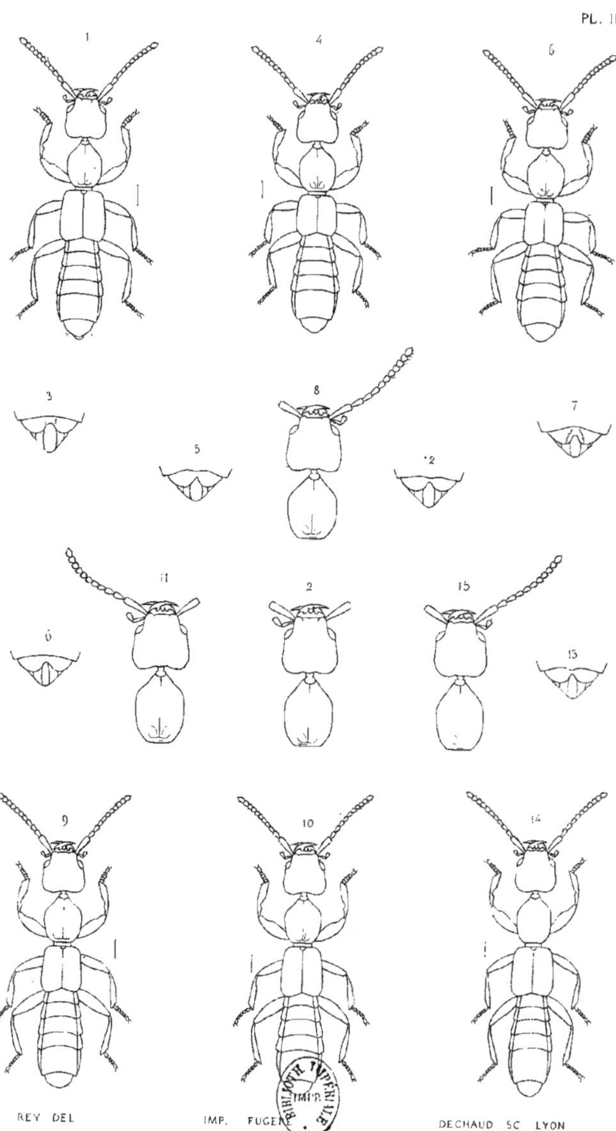

DESCRIPTION

DE LA

LARVE DE L'ÆGOSOMA SCABRICORNE,

Par E. MULSANT et A. GACOGNE.

(Présentée à la Société Linnéenne de Lyon, le 14 août 1853).

Larve allongée ; hexapode. *Tête* transverse ; enchâssée en majeure partie dans le prothorax et pouvant s'y enfoncer jusqu'à la partie antérieure du front ; d'un quart ou d'un tiers moins large que le premier segment ; rayée d'une ligne longitudinale médiaire avancée jusqu'à la partie antérieure du front ; d'un blanc livide, avec le bord antérieur en partie d'un fauve testacé ou noir : le bord un peu inégal, ridé, armé d'une petite dent cornée, noire, de chaque côté de la ligne médiane. *Antennes* situées près de la base des yeux ; très courtes ; coniques, composées de quatre articles. *Epistome* transverse ; près d'une fois plus large que long ; membraneux. *Labre* en ogive ; subcoriace, garni de poils roussâtres, *Mandibules* fortes ; noires ; cornées, peu arquées ; obliquement coupées à leur tranche interne. *Mâchoire* à un lobe,

garnies ainsi que toute la surface interne de la partie inférieure de la bouche, de poils roussâtres. *Palpes maxillaires*
coniques ; de quatre articles. *Menton* presque cordiforme.
Languette saillante; au moins aussi avancée que les palpes
labiaux : ceux-ci, coniques ; de deux articles. *Corps* composé
de douze segments ; blanc ou d'un blanc un peu livide ; graduellement et assez faiblement rétréci, depuis le premier
anneau jusqu'au douzième ; marqué en dessus d'une ligne
obscure formée par le vaisseau dorsal et prolongée depuis le
deuxième anneau, ou moins visiblement depuis la moitié
du premier, jusqu'au tiers du douzième ; garni de poils fins
et très clair-semés, peu apparents ; subdéprimé sur le premier
arceau, presque quadrangulaire sur les deuxième à dixième,
subcylindrique sur les deux derniers : le premier arceau ou le
prothoracique, près d'une fois plus large que long; aussi
grand que les trois ou quatre suivants réunis ; parsemé de
points donnant chacun naissance à un poil court, roussâtre ;
rayé, près de chaque côté, d'une ligne longitudinale, naissant
au tiers de la longueur dans la direction des antennes, prolongée jusqu'au bord postérieur en s'incourbant : deuxième
et troisième anneaux courts : les quatrième à dixième offrant
en dessus, sur leur moitié médiaire au moins, une boursoufflure
transverse, rétractile, servant à la progression de l'animal :
onzième et douzième anneaux lisses : le douzième en ogive ;
offrant à l'extrémité trois tubercules ou mamelons en partie
rétractiles : anus paraissant à trois fentes divergentes, deux
constituant, réunies, une ligne faiblement en arc dirigé en
arrière : la postérieure, verticale. *Dessous du corps* muni sur
les quatrième à dixième arceaux de boursoufflures analogues
à celles du dessus, rétractiles et servant à la progression.
Pieds très-courts ; coniques; submembraneux ; composés de
quatre pièces : la dernière rétrécie en pointe unguiforme.
Stigmates au nombre de neuf paires : la prothoracique, plus

grosse, située à peu près sur la limite des premier et deuxième arceaux, notablement plus rapprochée des pattes que les autres : ceux-ci situés sur les arceaux quatrième à onzième.

Cette larve vit dans les troncs cariés du tilleul, du maronnier, du peuplier et de quelques autres arbres. Elle se transforme en Nymphe vers le mois de juillet.

Voici la description de celle-ci :

NYMPHE allongée ; d'un blanc flavescent, au moins dans les premiers jours de sa transformation. *Tête* penchée ; offrant l'épistome et le labre distincts : celuici embrassé par les mandibules : ces dernières, saillantes, arquées dans leur seconde moitié, contiguës à l'extrémité. *Palpes* dirigés perpendiculairement en dessous. *Antennes* sétacées ; courbées sur les côtés du corps jusqu'au quatrième anneau, recourbées en dedans à partir de celui-ci ; prolongées dans le point extrême de leur partie recourbée jusqu'à la moitié du sixième arceau ; contiguës à la partie des cuisses voisine du genou des deux premières paires de pattes, s'appuyant à leur extrémité vers la partie de la jambe voisine du genou des pattes intermédiaires. *Corps* de douze anneaux : le premier ou prothoracique, en trapèze ; en arc faiblement bissinué à son bord postérieur ; au moins une fois plus large que long ; de moitié au moins plus grand que le deuxième : le troisième ou métathoracique, un peu plus long que le premier ; de deux tiers environ plus grand que le quatrième : les quatrième à dixième, presque égaux en longueur ; cylindriques ; graduellement et assez faiblement rétrécis à partir du sixième : le onzième, progressivement plus rétréci : le douzième, court, en grande partie emboité dans le précédent, tronqué ou à peu près à son extrémité ; marqué en dessous d'une impression triangulaire. Ces anneaux garnis en dessus de poils spinosules, roussâtres, très-courts, pulviformes, inégalement répartis, plus nombreux près du bord postérieur de chaque arceau, peu ou point apparent sur le douzième arceau. *Elytres* et *ailes*, déhiscentes, couchées sur les côtés du corps, en convergeant vers leur extrémité ; situées au-dessous des deux premières paires de pattes, voilant en partie la postérieure. *Stigmates* visibles sur les anneaux quatrième à onzième : celui du quatrième anneau, oblique au lieu d'être transverse ; plus grand que les autres, voisin du côté externe des ailes. *Pieds* offrant les jambes repliées contre les cuisses, et, avec celles-ci, obliquement dirigées d'avant en arrière, sans déborder les côtés du corps : genoux de la dernière paire prolongés jusqu'à la moitié du quatrième arceau ventral : tarses parallèlement allongés, de chaque côté de la ligne médiane : les postérieurs ne dépassant pas l'extrémité des ailes.

Cette Nymphe, quand elle est inquiétée, tourne pendant un instant sur elle-même avec une grande rapidité.

L'insecte parfait paraît ordinairement vers les premier jours du mois d'août, quelquefois à la fin de juillet.

DESCRIPTION

D'UNE

ESPÈCE NOUVELLE D'HELOPS,

PAR

MM. E. MULSANT et GODART,

Présentée à la Société Linnéenne de Lyon, le 10 juillet 1854.

Helops superbus.

Oblong ; convexe ; luisant ; bronzé-cuivreux, en dessus. Tête pubescente. Prothorax et élytres glabres : le premier, bissinueusement échancré en devant ; élargi jusqu'aux deux cinquièmes, sinueusement rétréci ensuite ; en ligne droite à la base ; d'un quart plus large à celle-ci que long sur son milieu ; moins déclive près des côtés ; ponctué. Élytres ovales-oblongues, offrant après leur moitié leur plus grande largeur ; munies latéralement d'un rebord tranchant sur toute la longueur, et visible en dessus ; à stries souvent d'un vert métallique, ponctuées (cinquante à soixante points sur la quatrième). Intervalles presque plans en devant, plus ou moins convexes postérieurement ; pointillés : le huitième ordinairement uni postérieurement au deuxième. Dessous du corps et pieds, pubescents ; bruns ou paraissant d'un brun verdâtre.

♂. Trois premiers articles des tarses antérieurs et intermédiaires garnis en dessous de sortes de ventouses : le premier plus sensiblement dilaté : celui des antérieurs, de moitié à peine plus long que large : le premier des intermédiaires, un peu moins d'une fois aussi long que large : les trois autres graduellement plus étroits.

♀. Tarses sans ventouses en dessous, garnis seulement de poils soyeux. Trois premiers articles des antérieurs et intermédiaires faiblement dilatés, et d'une manière graduellement plus faible, du premier au troisième : le premier des tarses intermédiaires, une fois-plus long que large.

Long. 0,0157 à 0,0180 (7 à 8 l.). Larg. 0,0050 à 0,0061 (2 1/4 à 2 3/4 l.).

Corps oblong ou ovalairement suballongé ; longitudinalement arqué ; convexe ; bronzé ou d'un bronzé un peu
cuivreux, et luisant, en dessus. *Tête* ponctuée ; garnie de
poils courts, fins et peu épais, couchés ; à suture frontale
creusée d'un sillon arqué en arrière. *Palpes* bruns ou d'un
brun un peu métallique. *Antennes* de même couleur; un peu
pubescentes; prolongées environ jusqu'au quart des élytres ; à
troisième article cinq fois aussi long que le deuxième, plus long
que les deux suivants pris ensemble : le dernier, allongé, assez
régulièrement arqué à son côté externe. *Prothorax* échancré
d'une manière bissinuée à son bord antérieur, avec la partie
intermédiaire entre chaque sinuosité, peu arquée au devant
ou presque en ligne droite ; cilié sous le bord de cette partie
médiaire ; presque en forme de cœur tronqué, c'est-à-dire
élargi jusqu'aux deux cinquièmes de ses côtés et d'un huitième ou d'un dixième plus large dans ce point qu'à ses
angles antérieurs, rétréci ensuite d'une manière sinuée jusqu'aux angles postérieurs qui sont presque rectangulairement
ou peu ouverts ; à peine plus large à ceux-ci qu'aux angles
de devant ; d'un quart ou d'un tiers plus large à la base que
long sur son milieu ; muni sur les côtés d'un rebord étroit et
un peu saillant ; muni à la base d'un rebord à peu près
pareil ; tronqué en ligne droite à celle-ci, ou a peine entaillé
dans le milieu de celle-ci ; convexe, mais sensiblement moins
déclive près des bords latéraux ; bronzé à reflets d'un rouge
cuivreux ; marqué de points plus petits, moins rapprochés
et plus légers sur le dos, confluents et ruguleux près des
bords, moins petits et médiocrement rapprochés entre ceux-
ci et le dos ; offrant parfois sur la partie longitudinale médiaire de celui-ci, surtout sur la partie postérieure, les traces
plus ou moins apparentes d'un très-léger sillon ou d'une
ligne lisse. *Ecusson* en triangle presque équilatéral, à côtés
légèrement curvilignes, à extrémité non obtuse ; assez fine-

ment ponctué ; légèrement pubescent ; bronzé ou d'un bronzé faiblement cuivreux. *Elytres* un peu plus larges en devant que le prothorax à ses angles postérieurs qu'elles n'embrassent pas ou qu'elles embrassent à peine ; élargies jusqu'aux trois cinquièmes de leur longueur, plus sensiblement et en ligne plus courbe depuis la base jusqu'au quatorzième de leur longueur, offrant ensuite vers le sixième de celle-ci une légère sinuosité, rétrécies en ligne courbe à partir des trois cinquièmes jusqu'à l'angle sutural ; munies sur les côtés d'un rebord visible quand l'insecte est examiné en dessus, tranchant sur toute sa longueur, relevé de manière à former une gouttière étroite ; longitudinalement et obtusément arquées, c'est-à-dire presque planes longitudinalement sur la suture depuis le cinquième jusqu'aux deux tiers, fortement déclives dans le dernier quart ; peu convexes sur la partie médiaire de la suture, convexement déclives sur les côtés ; ordinairement d'un vert métallique ou d'un vert bronzé sur les stries, d'un rouge cuivreux ou d'un bronzé cuivreux sur les intervalles, ou sur leur milieu ; à neuf stries, y comprise la juxta-marginale : ces stries marquées de points qui ne crénèlent pas ou crénèlent à peine les intervalles : la deuxième plus ou moins visiblement unie à son extrémité à la septième : les troisième à sixième variablement unies postérieurement et plus courtes : la huitième, avancée à peu près jusqu'à l'angle huméral ; offrant en outre une strie Juxta-suturale rudimentaire ordinairement prolongée jusqu'au septième de la longueur. *Intervalles* peu densement pointillés ; parfois presque plans, ou peu convexes sur une partie de leur longueur (principalement chez la ♀), et offrant alors les stries légères ou presque réduites à des rangées striales de points, ordinairement plus ou moins convexes même en devant et surtout postérieurement, et rendant alors les stries plus prononcées : les huitième et neuvième postérieurement unis et plus ou moins distinctement liés à leur extrémité au deuxième. *Repli* prolongé, en se rétrécissant, jusqu'à l'angle sutural. *Dessous du corps* brun foncé, et garni de poils couchés, assez fins, jaunâtres, qui lui donnent une teinte d'un noir ou brun verdâtre ; ponctué d'une manière finement réticuleuse sur les côtés de l'antépectus ; marqué de points médiocrement rapprochés sur les autres parties pectorales ; plus finement, assez densement et ruguleusement ponctué sur le ventre. *Prosternum* longitudinalement convexe ; élargi après les hanches et dépassant à peine le bord postérieur de l'arceau ; tronqué à l'extrémité ; creusé, entre les hanches, d'un sillon longitudinal médiaire, et ordinairement rayé en outre d'une ligne juxta-marginale ; convexe ou en toit obtus, après les hanches. *Postépisternums* presque parallèles ; quatre ou cinq fois aussi longs qu'ils sont larges dans leur milieu. *Pieds* assez allongés ; grêles ; de la couleur du dessous du corps sur les cuisses, graduellement d'une teinte un peu moins obscure sur les tarses : ceux-ci garnis en dessous de poils d'un jaune mi-doré : jambes garnies, surtout en dessous, de poils semblables, mais moins épais.

Patrie : la Corse.

Obs. Les intervalles des élytres varient sous le rapport de l'état de leur surface ; ordinairement ils sont plus ou moins convexes à leur base et d'une manière graduellement plus marquée à l'extrémité, et dans ce cas, les stries sont plus prononcées ou plus profondes ; mais parfois, surtout chez la ♀, ils sont à peu près plans à la base et sur presque toute leur longueur, et alors les stries, presque réduites à des rangées striales de points, sont plus légères, moins régulièrement dirigées : les troisième à sixième s'unissent, à leur extrémité, d'une manière variable ou équivoque ; et le huitième intervalle se lie à peine au deuxième.

DESCRIPTION

DE

DEUX COLÉOPTÈRES

NOUVEAUX OU PEU CONNUS,

PAR

MM. E. MULSANT et GUILLEBEAU.

Leistus Revelierii.

Antennes brunes sur les quatre premiers articles, d'un testacé rosâtre sur les autres. Tête et prothorax d'un noir bleu : celui-ci, cordiforme, avec les angles postérieurs en forme de petite dent dirigée en dehors. Elytres subparallèles ; d'un bleu noir ; à stries ponctuées. Intervalles impointillés, subconvexes. Mandibules fauves. Dessous du corps d'un brun noir. Cuisses brunes : jambes et tarses d'un rouge testacé brunâtre.

Long. 0,0078 à 0,0090 (3 1/2 à 4 l.). Larg. 0,0029 (1 1/3 l.).

Corps oblong ; subdéprimé ; luisant, en dessus. *Tête* lisse ou à peine ruguleuse ; transversalement sillonnée après les yeux ; noire ou d'un noir bleuâtre : mandibules fauves. *Antennes* brunes ou d'un brun noir sur leurs quatre premiers articles, d'un blanc rosâtre sur les autres. *Prothorax* cordiforme, sinué au devant des angles postérieurs qui sont en forme de petite dent dirigée en dehors ; anguleusement un peu avancé dans le milieu de son bord antérieur ; une fois environ moins large à la base que dans son diamètre transversal le plus grand ; relevé en rebord tranchant sur les côtés, sans rebord à la base ; d'un tiers au moins plus large dans son diamètre transversal le plus grand que long sur son milieu ; creusé, après le bord antérieur, d'une impression obtriangulaire, étendue jusqu'aux angles de devant, prolongée jusqu'aux deux septièmes de la longueur ; sillonné transversalement au devant de sa base ; rayé d'une ligne longitudinale médiaire entre l'impression antérieure et le sillon antébasilaire ; fortement ponctué sur l'impression, sur le sillon et jusqu'à la base et plus faiblement le long du rebord latéral, lisse sur le reste ; offrant de chaque côté de la ligne médiane deux faibles subconvexités presque orbiculaires ; noir ou d'un noir bleu. *Ecusson* triangulaire ; caréné ; d'un noir bleuâtre. *Elytres* oblongues ; arrondies aux épaules, en ogive postérieurement, parallèles entre ces deux points ; rebordées ; subdéprimées en dessus ; à neuf stries ponctuées : la juxta-suturale à peu près terminale : les deuxième et troisième, subterminales : les quatrième et cinquième, et sixième et septième postérieurement unies et graduellement plus courtes : la huitième, réduite postérieurement à une rangée de points ; offrant en outre une strie rudimentaire juxta-suturale prolongée jusqu'au cinquième de la longueur. *Intervalles* subconvexes ; lisses, impointillés ; d'un bleu noir ou d'un noir bleu, avec l'extrémité des huitième, neuvième intervalles et du rebord, obscurément fauve. *Dessous du corps* noir ou d'un noir brun ; lisse sur les côtés de l'antépectus et sur le ventre ; ponctué sur le milieu de l'antépectus et sur les côtés des autres parties pectorales. *Pieds* bruns sur les cuisses, d'un rouge testacé brunâtre sur les autres parties, et graduellement plus clair depuis la base des jambes jusqu'à l'extrémité des tarses.

Patrie : le nord de la Corse.

Elle a été découverte par M. Jules Revelière, à qui nous l'avons dédiée.

Obs. Cette espèce a de l'analogie avec le *L. nitidus* pour la forme ; mais elle a le corps plus étroit. La couleur des quatre premiers articles de ses antennes la distingue suffisamment de toutes les espèces voisines.

Attelabus atricornis.

Prothorax et élytres d'un roux testacé : partie au moins de la bordure basilaire du premier, repli des secondes, antennes et tout le reste du corps, noir. Elytres striément ponctuées ou à stries ponctuées légères et un peu affaiblies sur les côtés.

Long. 0,0042 à 0,0048 (1 7/8 à 2 1/8 l.). Larg. 0,0025 à 0,0033 (1 1/8 à 1 1/2.).

Corps oblong ; longitudinalement arqué. *Tête* noire ; lisse ; presque impointillée sur sa partie postérieure ; parsemée de points peu profónds sur le front ; offrant sur la partie antérieure de celui-ci une courte carène longitudinale ; creusée au côté interne des yeux d'un sillon étroit ; creusée, entre les antennes, d'un sillon faisant suite à la carène frontale ; densement ponctuée sur l'épistome. *Antennes* prolongées à peine jusqu'aux deux tiers des côtés du prothorax ; pubescentes ; entièrement noires. *Prothorax* tronqué en devant ; élargi en ligne un peu courbe d'avant en arrière ; tronqué en ligne à peine bissubsinueuse de chaque côté de sa partie médiaire, à la base ; rayé au devant de celle-ci d'une ligne le faisant paraître muni d'un rebord basilaire noir au moins dans sa moitié médiaire et parfois en totalité ; sans rebord sur les côtés ; d'un tiers plus large à la base que long sur son milieu ; peu convexe sur le dos, convexement presque perpendiculaire latéralement ; très-superficiellement pointillé ; roux ou d'un roux pâle. *Ecusson* presque en carré au moins aussi large que long ; arrondi aux angles postérieurs ; noir, luisant. *Elytres* un peu plus larges en devant que le prothorax à ses angles postérieurs ; deux fois et quart ou deux fois et demie aussi longues que lui ; émoussées aux épaules ; subsinueusement parallèles jusqu'aux deux tiers, arrondies chacune à l'extrémité ; peu convexes sur le dos ; à neuf stries très-légères ou rangées striales de points, sinuées vers le tiers ou les deux cinquièmes ; les septième et huitième réduites à des rangées de points ; offrant en outre une rangée juxta-suturale rudimentaire ; d'un roux testacé. *Intervalles* superficiellement ponctués. *Pygidium* voilé ; noir. *Repli, dessous du corps* et *pieds* noirs. *Cuisses* renflées. *Jambes* pubescentes et denticulées sur l'arête interne.

Patrie : le nord de la Corse.

Cette espèce a été découverte par M. Jules Revelière.

Obs. Elle diffère de l'*A. curculionoïdes* par une taille ordinairement un peu plus petite ; par la teinte d'un roux testacé de son prothorax et de ses élytres ; par ses antennes, son bord basilaire du prothorax au moins en partie, et par son repli, noirs ; par son prothorax superficiellement pointillé ; par son pygidium ordinairement voilé par les étuis.

NOTES

POUR SERVIR A L'HISTOIRE

DE

L'OXYPLEURUS NODIERI,

(COLÉOPTÈRE DE LA TRIBU DES LONGICORNES),

PAR

E. MULSANT et Victor MULSANT,

(Présentée à la Société Linnéenne de Lyon, le 13 novembre 1854).

LARVE de **l'Oxypleurus Nodieri.**

Corps ovalairement dilaté et aplani sur la partie thoracique, presque tétragone ensuite et renflé vers l'extrémité ; composé, outre la tête, de douze segments. *Tête* enchâssée dans le segment prothoracique ; trois fois environ aussi large qu'elle est longue, sur sa partie frontale ; rayée sur celle-ci d'une ligne longitudinale médiaire ; d'un blanc flavescent, avec le bord antérieur obscur ou noirâtre ; marquée près de ce bord, de chaque côté de la ligne médiane, de trois ou quatre points enfoncés ; moins lisse près de ce bord que postérieurement ; hérissée de poils blonds, assez longs, clairsemés sur sa partie médiaire, plus nombreux et presque fasciculeusement disposés sur les côtés.

Epistome transverse ; une fois plus large que long ; noirâtre, avec le milieu translucide. *Labre* avancé en ogive ; un peu cilié ; noirâtre ou brun, avec le milieu rougeâtre, translucide, quand les mandibules sont ouvertes. *Mandibules* cornées ; noires ; entières à l'extrémité, armées plus inférieurement de quelques dents ; peu apparentes dans l'état de repos. *Mâchoires* à un lobe cilié. *Palpes maxillaires* coniques ; de trois articles. *Menton* presque carré. *Languette* saillante. *Palpes labiaux* coniques ; de deux articles. *Yeux* nuls ou représentés par un point tuberculeux, noir. *Antennes* très courtes ; de trois ou quatre articles apparents : le basilaire, presque nul : le deuxième, cylindrique, moins long que large : les troisième et quatrième, transverses, très-courts : le quatrième, divisé en deux pointes inégales : l'externe, moins courte. *Dessous de la tête* offrant, sur la moitié médiaire de sa partie basilaire, une sorte de demi-cercle dirigé en arrière, semi-corné, d'un rouge flave ou presque carné, relevé postérieurement en bord tranchant, sur la partie médiaire. *Segment prothoracique* plus large que la tête à sa partie postérieure ; une fois plus long que le front ; dilaté en ovale transverse ; subarrondi sur les côtés ; trois fois et demie environ aussi large qu'il est long ; presque aplani ou à peine convexe sur le dos, subconvexement déclive sur les côtés ; d'un blanc flavescent ; hérissé, près des côtés, de poils blonds assez longs, moins nombreux que ceux de la tête. Deuxième et troisième segments thoraciques ridés ; presque entièrement voilés sur le dos par le premier, plus ou moins visibles sur les côtés ; d'un blanc de graisse. *Anneaux abdominaux* de même couleur ; hérissés, principalement sur les côtés, de poils blonds, fins et peu nombreux : les premier à sixième ridés ; faiblement et graduellement rétrécis, et presque tétragones : les septième et huitième, dilatés et constituant avec le neuvième une sorte d'ovale : les premier à septième rayés d'un sillon longitudinal médiaire, pourvus chacun d'un mamelon de chaque côté de ce sillon : les huitième et neuvième régulièrement convexes : les premier à sixième, graduellement moins courts : les septième, huitième et neuvième, plus développés dans le sens de la longueur que les premiers des dits segments abdominaux, aussi longs chacun que les deuxième et troisième de ceux-ci réunis. *Anus* un peu voilé par le dernier segment, très-apparent, à la partie postérieure du corps ; offrant une fente transversalement arquée, et une autre longitudinale perpendiculaire sur le milieu de la première ; presque trimamelonné. *Dessous du corps* de la couleur du dessus de l'abdomen ; ridé ; pourvu sur les premier à septième arceaux du ventre de deux mamelons, situés, un de chaque côté de la ligne médiane : segment formant l'antépectus, beaucoup plus grand que les autres, échancré dans le milieu de son bord postérieur, et prolongé en arrière en forme d'arc, de chaque côté de cette partie intermédiaire. *Pieds* très-courts ; écartés ; disposés par paire sous chacun des anneaux thoraciques ; d'un blanc flavescent ; composé de trois ou quatre pièces : la basilaire peu prononcée : la deuxième, peu distinctement séparée de la précédente, terminée par un ongle long, très-grêle, très-pointu. *Stigmates* au nombre de neuf paires : la prothoracique située près du bord antérieur du deuxième segment, un peu au-dessous de la ligne longitudinale imaginaire qui passerait sur le milieu des côtés du corps : les autres stigmates un peu au-dessus de cette ligne, c'est-à-dire plus rapprochés des mamelons du dos que de ceux du ventre ; situés sur chacun des premier à huitième segments de l'abdomen.

Cette larve a été trouvée dans les environs de la Seyne-sur-mer (Var). Elle vit dans les souches de pins dans lesquelles elle creuse des galeries presque cylindriques : c'est là qu'elle se transforme en nymphe.

DESCRIPTION

D'UNE

NOUVELLE ESPÈCE DE PANDARINUS

(COLÉOPTÈRE DE LA TRIBU DES PANDARITES),

PAR

E. MULSANT ET CL. REY.

GENRE **Pandarinus**, Muls. et Rey.

Sous-Genre *Dichronima*, Dichromme (FRIWALDSKY).

CARACTÈRES. *Yeux* dirigés sur le front d'une manière un peu oblique. *Prothorax* presque tronqué en devant, quand l'insecte est vu perpendiculairement en dessus. *Elytres* passablement élargies vers le milieu de leur longueur, rétrécies ensuite, notablement moins larges vers les deux tiers que vers la moitié de leur longueur ; arquées longitudinalement ; brièvement sinuées après l'angle huméral ; armées à cet angle d'une dent un peu obtuse dirigée en dehors. *Antennes* un peu moins longuement (♀) ou à peine plus longuement (♂) prolongées que les angles postérieurs du prothorax. *Premier article des tarses postérieurs* moins long que les deux suivants réunis.

Cette nouvelle petite coupe, dans le genre *Pandarinus*, doit être placée entre le s.-g. *Rizalus* et celui de *Pandarinus*.

P. (*Dichromma*) foraminosus.

Oblong ; médiocrement ou peu fortement convexe ; d'un noir presque mat sur le prothorax, un peu luisant sur les élytres. Yeux un peu obliques. Prothorax bissubsinueusement tronqué en devant ; médiocrement arqué sur les côtés, offrant ordinairement vers le tiers de ceux-ci sa plus grande largeur, faiblement rétréci à partir de ce point, un peu sinué près des angles postérieurs ; pointillé, légèrement sur le dos. Elytres à stries marquées de points-fossettes(environ vingt sur la quatrième). Intervalles superficiellement pointillés : les premier, troisième et cinquième, postérieurement en toit.

Dichromma foraminosa (Friwaldsky) teste de Kiesenwetter.

Long. 0,0112 à 0,0123 (5 à 5 1/2 l.) Larg. 0,0033 (1 1/2) ♂, 0,0045 (2 l.) ♀.

Corps oblong ; médiocrement ou peu fortement convexe ; d'un noir presque mat sur la tête et sur le prothorax, un peu luisant sur les élytres. *Tête* ponctuée ; presque sans pli sensible au côté interne des yeux chez la ♀. *Prothorax* presque tronqué en devant, avec deux faibles sinuosités postoculaires, quand l'insecte est vu perpendiculairement en dessus ; élargi en ligne courbe jusqu'au tiers ou un peu plus, faiblement rétréci jusqu'aux deux tiers ou presque aux trois quarts, plus sensiblement rétréci ensuite, et d'une manière un peu sinuée près des angles postérieurs ; à peine plus large à ceux-ci qu'aux antérieurs ; à peu près sans rebord sur les côtés ; faiblement et très étroitement rebordé à la base ; d'un sixième environ plus large à cette dernière qu'il est long sur son milieu ; sinué vers chaque sixième externe de son bord postérieur, avec la partie intermédiaire sensiblement arquée et un peu plus prolongée en arrière que les angles ; très-médiocrement convexe ; pointillé ; creusé, au devant de la base, sur les deux tiers médiaires de la largeur, d'un sillon parfois très-prononcé (ordinairement chez le ♂) ou, d'autres fois plus ou moins obsolète. *Elytres* brièvement et assez fortement sinuées ou entaillées après l'angle huméral : offrant, par là, cet angle en forme de dent obtuse dirigée en dehors et très-prononcée ; faiblement ou très-sensiblement élargies jusque vers la moitié de leur longueur ; à stries marquées de points-fossettes (environ vingt sur la quatrième) : celle-ci aboutissant ordinairement au point le plus avancé de la sinuosité basilaire du prothorax. *Intervalles* presque imponctués ou superficiellement pointillés : les premier, troisième, cinquième et septième au moins, plus ou moins sensiblement élevés : les premier, troisième et septième graduellement plus saillants, en toit ou en carène postérieurement : le troisième, uni à son extrémité avec le septième, en enclosant les quatrième à sixième. *Dessous du corps* marqué sur les côtés de l'antépectus de gros points peu ou point unis en sillons. *Prosternum* creusé d'un large sillon sur son milieu. *Postépisternums* marqués de points presque linéairement·disposés. *Pieds* noirs. *Cuisses* glabres en dessous. *Jambes antérieures* presque cylindriques, peu élargies de la base à l'extrémité : les intermédiaires et postérieures sans traces de sillon sur leur arête externe.

Pᴀᴛʀɪᴇ : la Crète, (collect. de Kiesenwetter).

♂. Trois premiers articles des tarses antérieurs , et les deuxième et troisième des intermédiaires garnis en dessous de sortes de ventouses : les deuxième et troisième des antérieurs fortement dilatés : les mêmes des intermédiaires faiblement dilatés.

♀. Tarses non dilatés ; sans ventouses en dessous.

DESCRIPTION

DE

QUELQUES HÉMIPTÈRES-HOMOPTÈRES

NOUVEAUX OU PEU CONNUS,

PAR

E. MULSANT et Cl. REY.

TRIBU DES FULGORITES.

Dictyophora multireticulata.

Elongata, virescens; capite producto, conico, lateribus rotundato; vertice recto, fronte, prothorace scutelloque tricarinatis; homelytris vitreis, apice numerosissimè reticulatis, nervis viridibus; pedibus anticis rufo-testaceis.

Long. 0,012 — 0,014 mill. (5 1/2 — 6 lignes).

Corps allongé, conique.

Tête profondément sinueuse à la base, fortement prolongée en cône en avant, carénée sur les côtés qui sont arrondis en arrière. *Vertex* assez large, droit, chargé de trois carènes longitudinales, dont la médiane est aussi saillante que les latérales : celles-ci presque rectilignes et confluentes au sommet; les carènes d'un vert un peu foncé; leurs intervalles d'un vert un

7

peu jaunâtre, obsolètement ridés en travers. *Front* également chargé de trois carènes vertes, dont la médiane un peu plus forte : les deux latérales divergeant un peu avant de se réunir au sommet de la tête; les intervalles finement ridés en travers, d'un vert jaunâtre. *Chaperon* convexe, avec une seule carène discale, obtuse, verte : les côtés d'un vert un peu jaunâtre, avec des lignes obliques, obscures. *Rostre* atteignant la moitié du corps, d'un vert pâle avec l'extrémité noirâtre. *Yeux* grands, peu saillants, en ovale court, bruns. *Ocelles* situés au-dessous des yeux, saillants, brillants, testacés.

Antennes à article basilaire épais, d'un vert pâle, et chargé de points verruqueux roussâtres ; à *soie* brune.

Prothorax très-court; fortement bissinueux au sommet; profondément échancré à la base, et très-légèrement flexueux sur les côtés ; chargé sur son disque de trois carènes longitudinales vertes : les intervalles et les côtés très-finement chagrinés, obsolètement ridés en travers; d'un vert obscurément jaunâtre. Un point enfoncé un peu en arrière, de chaque côté de la carène médiane.

Ecusson très-grand, en losange antérieurement arrondi et légèrement sinueux sur les côtés avant sa pointe postérieure qui est rebordée ; très-finement chagriné, d'un vert opaque obscurément jaunâtre, avec trois carènes longitudinales d'un vert plus vif.

Homélytres allongées, plus larges en arrière, arrondies au sommet; trois fois plus longues que le reste du corps, débordant de beaucoup l'abdomen ; d'une transparence vitrée, avec des nervures bien marquées, d'un vert plus ou moins bleuâtre à l'extrémité, où elles forment un réseau serré. *Ailes* diaphanes, à nervures brunes. *Dessous du corps* d'un vert pâle.

Pieds allongés, légèrement spinosules, verts : les deux *antérieurs* d'un roux testacé, avec les *cuisses* garnies en dessous avant leur sommet de cinq ou six courtes épines obscures; extrémité de tous les *tarses* d'un brun ferrugineux ; genoux avec quelques points noirs, et une tache de la même couleur en dessous et au sommet des cuisses. *Tibias* et *tarses postérieurs* avec quelques fortes épines noires à leur pointe.

Patrie : Environs de Lyon. Assez rare.

Obs. Cette espèce se trouve en compagnie de la *Dictyophora europœa*, Lin. avec laquelle elle a beaucoup d'analogie, et dont on pourrait la croire une simple variété. Mais l'examen d'une douzaines d'individus identiques nous a constamment présenté une taille plus grande, un front et un vertex plus larges, et les nervures de l'extrémité des homélytres deux fois plus nombreuses. Le vertex est aussi plus droit, moins relevé au sommet; sa carène médiane est toujours au moins aussi saillante que les latérales, tandis qu'elle l'est beaucoup moins dans l'*europœa*. Enfin chez celle-ci les carènes latérales du vertex sont sinueuses et rentrent un peu en dedans, au lieu que chez notre espèce elles sont presque droites et ressortent même plus ou moins en dehors.

Delphax tuberipennis.

Elongata, capite obtusè conico; fronte, vertice, prothorace scutelloque tricarinatis; fusco-brunnea : carinis frontis, geniculis, tibiarum apice, antennisque pallidis, his basi fusco lituratis; vertice, prothorace, scutello suturæque basi pallido-luteis; homelytris post medium pellucido-maculatis, et transversim trituberculatis.

Long. 0.004 mill. (1 1/2 lign.).

Corps allongé, antérieurement d'un jaune pâle; élytres brunes avec de grandes taches vitrées en arrière.

Tête en cône allongé et arrondi au sommet. *Vertex* chargé de trois carènes en comptant les marginales; d'un jaune pâle, avec l'intervalle des carènes un peu obscurci, surtout au sommet. *Front* allongé, brunâtre, avec trois carènes pâles. *Chaperon* et *rostre* brunâtres. Celui-là légèrement caréné en son milieu. *Yeux* grands, assez saillants, réniformes, d'un brun ferrugineux.

Ocelles petits, arrondis, saillants, testacés, situés au-dessous des yeux.

Antennes pâles, avec leur *soie* fine, un peu rembrunie : les premier et deuxième articles poilus, obscurs à leur sommet : le deuxième paré en outre d'un trait oblique, brunâtre.

Prothorax court, transversal, largement échancré à la base ; prolongé en hémicycle au milieu de son bord antérieur ; longitudinalement tricaréné ; d'un testacé pâle.

Ecusson grand, en losange circulairement tronqué en avant, sinueux sur les côtés, et rebordé à sa pointe postérieure ; longitudinalement tricaréné ; d'un jaune pâle.

Homélytres oblongues, latéralement comprimées en arrière, trois fois et demie plus longues que le reste du corps ; brunes, avec une bande suturale d'un jaune pâle s'étendant depuis l'écusson presque jusqu'au sommet de la clef, mais laissant aux deux tiers de sa longueur, sur la côte suturale, un petit point obscur ; parées en outre de grandes taches transparentes et vitrées : une, allongée, située au tiers antérieur de la clef vers son bord externe ; cinq de la même forme, situées après le milieu des élytres, et plus ou moins réunies en une bande transversale remontant obliquement en dehors ; trois au-dessous de cette bande, irrégulièrement ovales, disposées en triangle, et placées vers la côte marginale ; quatre autres subtriangulaires, touchant au bord postérieur ; et enfin une dernière allongée, moins diaphane et souvent peu apparente, située derrière l'extrémité de la clef, vers la côte suturale. Les nervures sont granuleuses, saillantes à la base, faibles après le milieu ; les première, deuxième et troisième en ce même endroit s'épaississent en espèces de tubercules : l'extérieur oblong ; celui du milieu beaucoup plus grand, ovale ; l'interne bien moins saillant, réduit à une carène obtuse, dont la partie antérieure, souvent détachée, forme un quatrième tubercule petit et arrondi. *Ailes* diaphanes, à nervures brunes.

Dessous du corps brunâtre, avec le *métasternum* et le bord des segments ventraux plus pâles.

Pieds antérieurs pâles ; les quatre *postérieurs* brunâtres, avec les genoux, l'extrémité des tibias et les tarses pâles. Tous les *ongles* obscurs. *Tibias postérieurs*, garnis d'épines à leur sommet, et seulement armés de deux plus fortes à leur tranche externe ; *tarses postérieurs* épineux inférieurement : toutes ces épines noires à leur extrémité.

PATRIE : Environs de Nîmes. Juin. (Collect. Foudras).

TRIBU DES ISSITES.

Hysteropterum maculifrons.

Subovale, medio dilatatum, griseo-ferrugineum ; homelytris basi distinctè nervosis, posticè reticulatis, margine laterali pallidis ; fronte subconvexâ, tenuiter tricarinatâ ; lateribus punctis seriatis, disco maculis 4 majoribus, nigris.

Long. 0,005 — 0,006 mill. (2 — 2 1/3 lig.) Larg. 0,003 mill. (1 1/2 l.).

Corps subovale, latéralement dilaté vers le milieu, d'un gris ferrugineux, avec le bord des élytres pâle.

Vertex transversal, plus de deux fois plus large que long, fortement échancré en arrière, subanguleusement cintré en avant ; concave ; d'un gris ferrugineux, avec une ligne longitudinale obscure, très-fine, et un petit sillon obsolète à la base. *Front* assez convexe ; chargé de trois carènes n'atteignant pas le chaperon : la médiane droite, les latérales sémicirculaires et se réunissant à leur partie supérieure ; d'un testacé ferrugineux, avec une série de points noirs le long et en dehors des carènes latérales : ces points plus nombreux auprès des yeux, et souvent confluents. Le disque a en outre quatre grandes taches noires, disposées deux à deux : les deux supérieures rapprochées, séparées l'une de l'autre seulement par la carène médiane (♀), quelquefois plus réduites et plus distantes entr'elles (♂) : les deux inférieures ou libres (♂), ou quelquefois réunies inférieurement (♀). *Chaperon* convexe, testacé, avec le sommet et des lignes obliques sur les côtés, ferrugineux. *Rostre* roussâtre, noir à son extrémité. *Yeux* grands, saillants, subarrondis ; d'un brun ferrugineux. *Ocelles* non apparents.

Antennes ferrugineuses, à *soie* fine et brune.

Prothorax très-court, transversal ; presque droit ou très-légèrement sinueux à la base ; prolongé à son bord antérieur en triangle arrondi ; d'un gris ferrugineux plus ou moins obscur ; déprimé à son milieu, où il présente deux points enfoncés, rapprochés et transversalement disposés, et de plus la trace d'une carène longitudinale à peine sensible.

Ecusson grand, transversal, triangulaire, sinueux sur les côtés, d'un testacé ferrugineux, avec deux points enfoncés rembrunis, écartés l'un de l'autre, situés vers les côtés, avant le sommet.

Homélytres anguleusement arrondies sur les côtés avant le milieu, où elles sont faiblement gibbeuses ; d'un gris ferrugineux plus ou moins obscur, avec les bords latéraux pâles ; chargées de nervures assez saillantes, nettement réticulées postérieurement : les aréoles de la base rugueuses ou vaguement réticulées. *Ailes* nulles.

Dessous du corps d'un gris ferrugineux plus ou moins obscur. *Ventre* plus pâle, avec une bande médiane et les côtés obscurs (♀), quelquefois entièrement d'un testacé roussâtre (♂). *Hanches* plus ou moins pâles.

Pieds assez courts, pubescents, spinosules, d'un testacé obscur, avec les *ongles*, les épines des *tibias* et des *tarses postérieurs*, obscurs : ceux-là avec deux fortes épines seulement le long de la tranche externe.

Patrie : Provence, Languedoc. Juin. Assez rare.

Obs. Cette espèce ressemble beaucoup à l'*Hyst. apterum*, Herr. Schaeff. Elle est généralement plus petite, le front est plus convexe ; les homélytres, bien que moins comprimées sur les côtés, offrent vers le milieu de ceux-ci une gibbosité moins sensible, et leurs nervures sont aussi moins saillantes. Mais ce qui la distingue particulièrement de toutes ses congénères, ce sont les taches constantes du front.

GENRE **CONOSIMUS**.

(κωνος, cône, σιμος, camus.)

Corpus oblongo-ovale.
Vertex leviter transversus, antice obtusè angulatus.
Frons oblonga, tricarinata.
Oculi rotundati, integri. Ocelli non conspicui. Homelytra lateribus subgibbosa. Alis nullis.
Pedes breves, spinosuli.

Corps en ovale oblong. *Vertex* échancré à la base, prolongé en avant en triangle obtus; à peine plus large que long, concave, caréné sur les bords et au milieu. *Front* oblong, un peu plus large inférieurement, tricaréné. *Chaperon* en cône allongé. *Rostre* de trois articles apparents, atteignant la moitié du corps. *Yeux* gros, saillants, arrondis, entiers. *Ocelles* non apparents.

Antennes courtes, épaisses, à *soie* fine et assez longue.

Prothorax très-court, transversal, prolongé entre les yeux en triangle arrondi; caréné dans son milieu.

Ecusson grand, triangulaire.

Homélytres assez coriaces, élargies et subgibbeuses avant leur milieu, chargées de nervures saillantes plus ou moins réticulées. *Ailes* nulles ou rudimentaires.

Pieds assez courts, finement spinosules. *Tibias postérieurs* armés en dessous, à leur sommet, d'une rangée d'épines, et de deux autres plus fortes le long de la tranche externe. *Tarses postérieurs* avec les premier et deuxième articles inférieurement épineux à leur extrémité.

Obs. Ce genre se distingue des *Hysteropterum*, Am. et Serv. par son vertex beaucoup moins transversal, légèrement anguleux

en avant, par son front beaucoup plus allongé, et par ses yeux
à bord inférieur entier ou presque entier.

C. cœlatus.

*Ovalis, fortiter nervosus, vagé reticulatus, griseus, punctis macu-
lisque fuscis variegatus, nervis carinisque pallidioribus; fronte leviter
tricarinatâ, maculâ mediâ pallidâ; vertice antice angulato, prothoraceque medio carinatis; homelytris lateribus subgibbosis, pallido-subfas-
ciatis, clavo medio oblongo-foveolato.*

Long. 0,004. (1 1/2 lig.). — Larg. 0,0015 (2/3 l.).

Corps en ovale un peu allongé, grisâtre, variolé de points et
de taches obscures.

Vertex à peine plus large que long, angulairement échancré
à la base, prolongé au sommet en triangle obtus; concave, longitudinalement caréné en son milieu; d'un testacé grisâtre, avec
ses saillies plus pâles, et une teinte obscure mouchetée de pâle,
de chaque côté de la carène médiane.

Front en carré long, très-peu convexe, presque plan, d'un
gris obscur moucheté de pâle, avec une tache au milieu pâle;
chargé sur son disque de trois carènes pâles, dont l'intermédiaire,
droite, se prolonge jusqu'au milieu du chaperon; les latérales
légèrement arquées, n'atteignant pas le chaperon, et réunies à
leur partie supérieure. *Chaperon* convexe, grisâtre, avec des
mouchetures ferrugineuses. *Rostre* d'un testacé obscur, noir au
sommet. *Yeux* grands, arrondis, saillants, plus ou moins obscurs.
Ocelles non apparents.

Antennes d'un ferrugineux plus ou moins obscur : à *soie*
noirâtre.

Prothorax très-court, presque droit ou très-légèrement sinueux
à la base, prolongé à son bord antérieur en triangle légèrement
arrondi; longitudinalement déprimé et caréné en son milieu;

d'un gris pâle, avec une teinte obscure de chaque côté de la carène médiane.

Ecusson grand, transversal, triangulaire, sensiblement sinueux sur les côtés ; offrant confusément les vestiges de trois carènes longitudinales, dont l'intermédiaire plus faible, à peine apparente ; d'un gris plus ou moins obscur, avec les saillies plus pâles.

Homélytres anguleusement arrondies au milieu de leurs côtés, où elles présentent une gibbosité assez sensible ; fortement relevées en arrière, et à bord satural cintré ; grisâtres, variolées de points et de taches obscurs ; parées un peu avant leur milieu d'une bande sinueuse, transverse, pâle, ceinte en avant et en arrière d'une teinte noirâtre ; et en outre d'une petite tache obscure, aux trois quarts postérieurs, et derrière laquelle on distingue confusément une bande un peu plus pâle, oblique : les nervures très-saillantes, ordinairement pâles, ainsi que les réticulations qui sont vagues à la base, plus distinctes et plus fortes au sommet : la clef creusée vers son milieu, près de la suture, d'une excavation elliptique, dont le fond est paré d'un trait noir, légèrement arqué en dedans. *Ailes* nulles.

Dessous du corps d'un testacé ferrugineux, variolé de taches obscures. *Ventre* pâle, avec des points brunâtres.

Pieds assez courts, pubescents, spinosules, d'un testacé plus ou moins livide, avec les ongles, quelques mouchetures sur les cuisses, les épines des tarses et des tibias postérieurs, brunâtres : ceux-ci avec deux fortes épines seulement le long de leur tranche externe.

Patrie. Hyères, janvier et février. — Marseille, mai.

Obs. La couleur varie dans cette espèce. Chez les ♂, les homélytres sont ordinairement uniformément grisâtres, avec deux ou trois points rembrunis. Chez la ♀, elles sont quelquefois uniformément d'un gris obscur, avec la bande pâle réduite à un simple trait flexueux.

GENRE **PELTONOTUS**.

(πελτη, bouclier, νωτος, dos.)

Corpus crassum, subcylindricum.
Vertex transversus , antice truncatus.
Frons lata, tricarinata.
Oculi transversìm-ovati. Ocelli non conspicui.
Prothorax antice peltato-dilatatus. — Scutellum maximum , pro-thoracis latitudine. Homelytra abbreviata, tricarinata, subparallela.
Alœ nullœ.
Pedes breves, spinosuli.

Corps épais, subcylindrique, antérieurement subdéprimé.

Vertex légèrement échancré à la base, tronqué au sommet, transversal, concave. *Front* large, tricaréné. *Chaperon* conique. *Rostre* de trois articles apparents, atteignant à peine la moitié du corps. *Yeux* gros, saillants, ovales, transversaux. *Ocelles* non apparents.

Antennes courtes et assez épaisses.

Prothorax court, transversal, échancré à sa base ; caréné au milieu, et antérieurement dilaté sur les côtés de manière à re-couvrir en partie le bord interne des yeux et les angles postérieurs de la tête. Sa partie postoculaire très-réduite, refoulée par les yeux.

Ecusson très-grand, transversal, aussi large que le prothorax, tricaréné.

Homélytres tronquées, ne couvrant qu'un tiers de l'abdomen ; tricarénées, à côtés subparallèles ; sans apparence de clef. *Ailes* nulles.

Abdomen fortement convexe en dessus, obtusément caréné en son milieu, avec la marge des segments relevée en carène.

Pieds assez courts, spinosules. *Tarses postérieurs* inférieure-ment dentés. *Tibias postérieurs* avec cinq ou sept dents à leur sommet, et une seulement, après le milieu, sur la tranche externe.

Obs. Ce genre singulier s'éloigne des *Hysteropterum* par la structure de son prothorax, par le développement de son écusson, par ses homélytres tronquées et subparallèles, et par ses tibias postérieurs à une seule épine à la tranche externe.

P. raniformis.

Crassus, brevis, subcylindricus, infrà niger pallido-maculatus, suprà griseo-pallidus : frontis maculis reniformibus 2, verticis subtriangularibus 4, thoracis vittâ mediâ, scutelli vittis 3, brunneis; homelytris fuscis, vittâ subobliquâ pallidiori; abdomine suprâ 6 nigro-lineato; femorum maculis 2 et tarsorum apice obscuris. Fronte, thorace, scutello, abdomine bisseriatim, lateribus pupillatis.

Long. 0,003 (1 1/3 l.). — Larg. 0,002 (3/4 l.)

Corps ramassssé, épais, cylindrique.

Vertex transversal, plus de deux fois plus large que long ; postérieurement légèrement échancré en angle obtus, tronqué en ligne droite au milieu de son bord antérieur, figurant assez bien la moitié d'un octogone régulier ; concave, d'un gris-pâle, avec quatre taches subtriangulaires, noirâtres, disposées en demi-cercle, séparées entr'elles par des intervalles paraissant, mais très-faiblement, relevés en carène : la carène intermédiaire droite : les deux latérales obliques, convergentes en arrière ; creusé en outre, vers la base, de deux fossettes peu profondes, assez larges, arrondies, éloignées l'une de l'autre, situées près des yeux. *Front* large ; assez convexe ; chargé sur son disque d'une carène circulaire, inférieurement ouverte pour laisser passage à une carène médiane, qui, du vertex, va se prolonger jusqu'au milieu du chaperon; d'un testacé pâle, avec deux grandes taches noires, réniformes ou sémi-lunaires, situées en dedans de la carène circulaire, et seulement séparées entr'elles par la carène médiane.

Les côtés, en dehors de la carène sémi-circulaire, sont chargés de pupilles ou petites verrues ombiliquées, pâles, entremélées d'une teinte noirâtre. *Chaperon* convexe, noir, pâle à la base. *Rostre* testacé, brunâtre au sommet. *Yeux* grands, transversaux, ovales, d'un noir-brun. *Ocelles* non apparents

Antennes courtes, épaisses, noires à la base, pâles au milieu, un peu obscures au sommet.

Prothorax transversal, près de quatre fois plus large que long; échancré à la base, obtusément tronqué au sommet, avec ses côtés antérieurement dilatés et recouvrant en partie le bord interne des yeux et les angles postérieurs du vertex ; d'un testacé pâle, avec une large bande médiane brunâtre, longitudinalement partagée par une carène pâle ; les côtés rembrunis et couverts de pupilles pâles. Les parties latérales situées entre les épaules et les yeux, sont très-réduites, et refoulées par l'extrémité postérieure de ceux-ci.

Ecusson très-grand, transversal, aussi large que le prothorax ; antérieurement arrondi, postérieurement prolongé en triangle, et sinueux sur les côtés avant la pointe postérieure ; d'un testacé pâle, chargé de trois carènes encore plus pâles, et paré de trois larges bandes obscures : l'intermédiaire, longitudinalement divisée par la carène médiane, les latérales chargées de pupilles pâles.

Homélytres subparallèles, tronquées, raccourcies, recouvrant seulement le tiers de l'abdomen ; obscures, avec une bande longitudinale, légèrement oblique, d'une teinte plus claire ; les côtes marginale et suturale, et trois carènes discales, pâles : l'interne, légèrement fléchie en dehors vers la base, se recourbant à angle droit à son extrémité un peu avant le bord apical, qu'elle suit parallèlement jusqu'à la rencontre de celle du milieu : celle-ci, oblique, réunie à l'externe à peu près au quart de sa longueur : cette dernière, à partir de ce point de réunion, subparallèle à la côte marginale. *Ailes* nulles ou rudimentaires.

Abdomen très-convexe, chargé sur son milieu d'une carène obtuse, lisse, se dilatant un peu à chaque intersection des segments, dont les bords postérieurs sont saillants et comme relevés en carène; pâle, avec six bandes longitudinales noires : les deux intermédiaires seulement séparées entr'elles par la carène médiane, les quatre latérales chargées de pupilles testacées.

Poitrine pâle, avec des taches noires sur les côtés. *Ventre* noir, avec l'extrémité des segments pâle.

Pieds assez courts; pubescents; distinctement spinosules; d'un testacé livide, avec deux taches sur les cuisses, la base des tibias, le sommet des tarses, obscurs. Les épines des *tibias postérieurs* noires à l'extrémité.

Patrie : Faillefeu (Basses-Alpes).

TRIBU DES TETTIGOMÉTRIDES.

Tettigometra sulphurea.

Oblonga, sulphurea, crebrè punctata : clypeo, pectore pedibusque nigro-purpureis; tibiarum apice tarsisque pallidioribus, unguiculis nigris.

Long. 0,007 — 0,008 (2 2/3 — 3 lignes).

♂ Ventre obscur, avec un trait longitudinal au milieu, et les côtés, d'un jaune soufré.

♀ Ventre d'un jaune de soufre, avec de grandes taches noires sur les côtés.

Corps oblong, subelliptique ; assez fortement et assez densement ponctué.

Tête échancrée à la base, prolongée en avant en triangle légèrement arrondi au sommet. *Vertex* déprimé sur son disque, relevé à son bord antérieur; rugueusement ponctué, d'un jaune de soufre. *Front* creusé sur son milieu; couvert de points rugueux, assez forts, se changeant inférieurement en rides transversales.

Chaperon convexe, chagriné, éparsement et rugueusement ponctué, noir, avec ses bords et son sommet carminés. *Rostre* rosat,
avec l'extrémité noire. *Yeux* peu saillants, subdéprimés, plus ou
moins obscurs. *Ocelles* petits, ferrugineux.

Antennes d'un jaune de soufre; à deuxième article granuleux
au sommet : leur *soie* à peine de la longueur des trois premiers
articles réunis.

Prothorax très-court; transversal; quatre fois plus large que
long; légèrement échancré au milieu de sa base, et tronqué au
milieu de son bord antérieur; d'un jaune de soufre; rugueusement ponctué; creusé sur son milieu d'un sillon obsolète, un
peu plus prononcé à son sommet, de chaque côté duquel il présente une cicatrice arrondie, imponctuée et seulement très-finement chagrinée.

Epimères du mésothorax visibles en dessus; rugueusement
ponctués; d'un jaune de soufre.

Ecusson grand; triangulaire; légèrement arrondi à la base,
très-faiblement sinueux sur les côtés, à angles latéraux tronqués;
d'un jaune orangé; rugueusem.. t ponctué, et transversalement
déprimé vers sa pointe postérie :e.

Homélytres allongées, plus larges que le prothorax à leur base,
un peu rétrécies en arrière; latéralement déclives, simultanément
arrondies à leur sommet; trois fois et demie plus longues que la
tête et le prothorax réunis; assez densement ponctuées; d'un
jaune de soufre quelquefois un peu verdâtre; chargées de cinq
principales nervures, peu saillantes, ramifiées et réticulées à
leur extrémité.

Prosternum et mésosterum d'un noir-brun qui se change en
carmin sur les côtés. *Métasternum* plus ou moins pâle ou rosat.
Ventre jaune avec le milieu obscur (σ), ou d'un jaune de soufre
avec le milieu de la base et les côtés tachés de noir (φ): ces taches grandes, transversales, souvent interrompues.

Pieds robustes; courts; pubescents; spinosules; d'un brun

plus ou moins pourpré, avec les genoux et le sommet des tibias un peu plus clair : les tarses d'un rose plus ou moins testacé, et les ongles noirs. Epines des *tibias* et *des tarses postérieurs* noires à leur sommet.

Patrie : Environs de Nîmes. Juin, sur l'*Onopordium acanthium*.

Obs. Cette espèce ressemble au *Tettigometra virescens,* Latr. Elle est une fois plus grande, et l'angle procéphalique est plus saillant et plus aigu.

Tettigometra impressifrons.

Breviter ovata, punctata, nitida, nigro-picea : puncto capitis antico, ano, metasterno, geniculis, tibiarum apice tarsisque pallidis ; vertice medio sensim, fronte profundiùs, latè excavatis.

Long. 0,003 (1 lig. 1/4) — Larg 0,002 (2/3 lig.).

Corps court ; ovale ; ponctué ; d'un noir de poix brillant.

Tête échancrée à la base, prolongée en avant en triangle largement arrondi au sommet. *Vertex* impressionné sur les côtés auprès des yeux, et creusé en son milieu d'une large excavation ; rugueux, surtout dans le fond des impressions ; d'un brun de poix brillant, avec un point plus pâle et translucide au milieu du bord antérieur *Front* large ; plus ou moins obliquement ridé ; fortement creusé sur son milieu d'une large excavation dont le fond se transforme à la partie supérieure en une fossette arrondie ; d'un noir de poix brillant, avec la partie inférieure et la tranche supérieure. ordinairement plus claires : celle-ci parée sur son milieu, au-dessus de l'excavation, d'une petite tache pâle, subélevée, lisse, tuberculiforme. *Chaperon* convexe; presque lisse, ou obsolètement ridé et ponctué ; d'un brun de poix brillant, avec l'extrémité un peu plus claire. *Rostre* testacé, brunâtre au sommet. *Yeux* légèrement saillants ; plus ou moins obscurs. *Ocelles* globuleux, très-petits, testacés.

Antennes courtes; couleur de poix, avec le sommet dès premier et deuxième articles plus pâles : celui-ci granuleux à son extrémité.

Prothorax très-court ; transversal ; près de quatre fois plus large que long ; légèrement échancré au milieu de sa base, et tronqué au milieu de son bord antérieur ; couvert d'une ponctuation faible et confuse, qui se transforme, vers le milieu de la partie antérieure , en rides transversales plus ou moins distinctes ; creusé derrière celles-ci d'un sillon longitudinal obsolète ; de chaque côté du disque, d'une cicatrice ou impression arrondie, peu profonde, presque lisse ou finement chagrinée ; et derrière les yeux, de deux autres impressions plus fortes, à fond sensiblement rugueux ; d'un brun de poix brillant, avec un trait plus pâle , de chaque côté du sillon longitudinal.

Epimères du mésothorax rugueusement ponctués, d'un brun de poix.

Ecusson grand ; triangulaire ; arrondi à la base, très-légèrement sinueux sur les côtés ; finement et rugueusement ponctué ; transversalement impressionné vers l'angle postérieur : les latéraux tronqués ; d'un noir de poix brillant, avec la pointe terminale pâle.

Homélytres plus ou moins raccourcies, couvrant en tout ou en partie l'abdomen ; plus larges que le prothorax à leur base ; latéralement déclives ; rugueusement ponctuées ; à nervures faiblement saillantes, plus ou moins réticulées au sommet ; d'un noir de poix brillant, avec la côte suturale ordinairement pâle.

Abdomen très-finement et très-faiblement ponctué en dessus, d'un noir de poix, avec le segment roussàtre. *Ventre* obscur, avec une tache médiane et l'anus pâles (♂). *Poitrine* d'un brun de poix, avec les sutures, le *métasternum* et les *hanches* pâles.

Pieds robustes ; assez courts ; pubescents ; couleur de poix, vec les genoux, le sommet des tibias, les tarses, et quelquefois la base des cuisses postérieures, pâles. *Ongles* et épines des *tibias et tarses postérieurs*, brunâtres.

Patrie : Languedoc. Mai.

Obs. Cette espèce, au premier abord, ressemble à la variété noire de la *Tettigometra virescens* (*Tettigometra atra*, Hagen-bach). Elle s'en distingue par une taille une fois moindre, une couleur plus brillante, et par les excavations de la tête. Ce dernier caractère empêche de la confondre avec la *Tettigometra piceola*, Burmeister.

TRIBU DES LÉVIPÉDES, Amyot.

Ptyelus notatus.

Oblongus, tenuiter albido-pubescens, punctulatus, pallido-flavus: vertice, prothorace scutelloque lineâ longitudinali nigro-brunneâ; homelytris lineâ subsuturali, vittâque submarginali, fuscis, ad angulum apicalem puncto nigriore; capite triangulariter acute producto.

Long. 0,008 mill. (3 lignes).

Corps oblong; finement ponctué, couvert d'une pubescence courte et blanchâtre.

Tête échancrée à la base, prolongée en avant en angle aigu à sommet légèrement arrondi. *Vertex* presque droit, à tranches latérales doublées; chargé antérieurement de trois petites carènes : l'intermédiaire moins saillante : les latérales arquées, allant se réunir en s'arrondissant au sommet, et liées à la base par le moyen d'une petite ligne transversale enfoncée; creusé vers la base de quatre fossettes : une au-devant de chaque ocelle, les deux autres contre les yeux; marqué en outre sur le bord postérieur de deux cicatrices allongées, transversales, situées entre les yeux et les ocelles; d'un jaune flave, avec une bande longitudinale noire. *Front* très-convexe, très-obsolètement sillonné sur son milieu; d'un jaune flave, avec des rides obliques, obscures, sur les côtés. *Chaperon* et *joues* d'un jaune flave.

Rostre testacé, obscur au sommet. *Yeux* assez grands ; subdéprimés ; grisâtres, variolés de linéoles transversales brunes. *Ocelles* enfoncés ; situés sur la partie postérieure du vertex, aussi distants entr'eux que des yeux.

Antennes pâles, à troisième article obscur.

Prothorax grand ; transversal ; d'une moitié plus large que long ; arrondi à son bord antérieur, postérieurement prolongé en triangle échancré au sommet ; faiblement ponctué ; obsolètement sillonné sur son milieu ; marqué en avant de quatre cicatrices arrondies, à fond imponctué, transversalement disposées, et rapprochées deux à deux ; d'un jaune flave, avec les bords latéraux et une bande médiane, noirs.

Ecusson triangulaire ; prolongé au milieu de sa base en angle arrondi, sinueux sur les côtés, à pointe postérieure très-aiguë ; d'un jaune flave, avec une bande médiane obscure, faisant suite à celles du prothorax et du vertex.

Homélytres oblongues ; de la largeur du prothorax à leur base, un peu plus larges au milieu ; deux fois et demie plus longues que la tête et le prothorax réunis ; déclives sur les côtés ; finement ponctuées, et chargées de quatre principales nervures, assez saillantes, postérieurement ramifiées ; d'un jaune flave, avec une ligne subsuturale et une bande submarginale, brunes : celle-ci partant des épaules et se terminant à l'angle sutural par un point d'un noir assez vif. *Ailes* blanchâtres, transparentes.

Dessous du corps et *pieds* d'un flave testacé, avec les *ongles* rembrunis, et les épines des *tibias* et *tarses* postérieurs, noires à leur sommet.

Patrie : Provence.

Obs. Cette espèce diffère de toutes les autres espèces de *Ptyelus* par le développement de son prolongement céphalique. Elle se rapproche beaucoup par la couleur du *Ptyelus lineatus*, Lin.

TRIBU DES SERRIPÈDES, Amyot.

GENRE **CHIASMUS**.

(χιασμος, croisement.)

Corpus oblongum.
Vertex triangularis.
Frons oblonga, subparallela.
Oculi magni, transversi. Ocelli conspicui.
Prothorax brevis, transversus.
Scutellum triangulare.
Homelytra apice sinuata, decussata.
Pedes elongati, spinosi.

Corps oblong,

Tête triangulaire, atténuée à son bord antérieur. *Vertex* sub-déprimé ; caréné à sa base. *Front* oblong, subparallèle. La partie inférieure de la tête située entre les yeux et la base du front, en quadrilatère pas plus long que large. *Joues* latéralement dilatées. *Plaques génales* subelliptiques. *Chaperon* en carré long. *Rostre* court ; assez robuste ; de deux articles apparents. *Yeux* grands ; transversaux ; peu saillants. *Ocelles* globuleux ; distants ; placés en avant de la ligne des yeux, vers le bord de la tranche laté-rale du vertex.

Antennes médiocres, avec leur *soie* assez longue, graduelle-ment épaissie à la base.

Prothorax court ; transversal.

Homélytres allongées ; à cinq nervures saillantes ; à bord su-tural sensiblement sinueux en arrière, où elles se croisent assez fortement.

Pieds allongés, les postérieurs surtout. *Tibias antérieurs* faiblement épineux : les *postérieurs* beaucoup plus fortement. *Tarses* de trois articles : les quatre antérieurs à dernier article aussi long que les deux précédents pris ensemble : les postérieurs à premier article aussi long que les deux suivants réunis.

Obs. Ce genre, par son prolongement céphalique, a beaucoup d'affinité avec le genre *Acocephalus*, Germ. Il en diffère par un front plus étroit, à côtés plus parallèles, et surtout par ses élytres postérieurement dilatées et croisées à leur suture.

Chiasmus translucidus.

Oblongus, capite trigono, suprà basi carinato; pallidus, pectore ventreque medio nigris; vertice scutelloque nigro luteoque variegatis; homelytris niveis, diaphanis, distinctè nervosis, posticè ad suturam sinuatìm decussatis.

Long. 0,0035 mill. (1 ligne 1/3).

Corps allongé; peu brillant, finement chagriné.

Tête légèrement échancrée à la base, antérieurement prolongée en triangle émoussé au sommet. *Vertex* légèrement déprimé en avant, chargé en arrière d'une carène médiane assez saillante; finement chagriné; pâle, avec une teinte roussâtre sur les côtés auprès des yeux, et quatre principales taches noires : la première grande, en carré transversal, située à la partie postérieure du disque, et laissant pâles la carène et le bord postical : la deuxième beaucoup moins grande, occupant l'angle terminal où elle laisse sur la tranche une petite linéole pâle, et postérieurement liée à la précédente; les deux autres petites, situées audevant des ocelles, vers le milieu de la tranche latérale: toutes ces taches à contours peu arrêtés, et émettant de petites linéoles ou petits points obscurs. *Ocelles* saillants; pâles, avec un point noir à leur sommet. *Front* allongé, subparallèle ou légèrement rétréci inférieurement; creusé supérieurement d'une fossette profonde; d'une couleur pâle, avec deux points noirs rapprochés au sommet de la tranche, et, sur les côtés, des ondulations obliques, fines, composées de points obscurs : partie de la tête située entre les yeux et la base du front, en quadrilatère irrégulier, pas plus large que long. *Plaques génales* et *joues* pâles : celles-ci avec un point stigmatique noir à leur partie inférieure. *Chaperon* pâle, en carré long, avec la base et les angles inférieurs légèrement arrondis. *Rostre* court, épais, brunâtre. *Yeux* grands, transversaux, subdéprimés, noirâtres.

Antennes, ainsi que leur *soie*, pâles avec une tache obscure sur le deuxième article.

Prothorax transversal, un peu plus de deux fois plus large que long ; arrondi au sommet, légèrement sinueux au milieu de sa base ; obsolètement chagriné ; blanchâtre, avec une teinte un peu jaunâtre et des points obscurs le long du bord antérieur.

Homélytres allongées, plus de trois fois plus longues que la tête et le prothorax réunis ; de la largeur de celui-ci à leur base, faiblement élargies au milieu ; dilatées en arrière à leur suture, où elles se recouvrent assez largement ; chargées de cinq nervures saillantes, peu réticulées au sommet ; blanches, avec les cellules diaphanes et transversalement ridées.

Poitrine noire, largement tachée de pâle en avant et sur les côtés. *Ventre* d'un testacé pâle, avec la base et le milieu noirâtres.

Pieds allongés ; très-pâles, avec le sommet des *tarses* rembruni, les *tibias* ponctués de brun, et les quatre *cuisses antérieures* avec des taches de la même couleur.

PATRIE : Marseille. Juin. Très-rare.

Bythoscopus ustulatus.

Elongatus, apice attenuatus, subtilissimè coriaceus, pallidus : scutello suturâque ferrugineo maculatis ; pectore antice nigro ; homelytris nitidulis, pellucidis, apice subinfuscatis.

Long. 0,005 à 0,006 (2 à 2 1/4 lig.).

♂. *Côtés des joues* largement et profondément échancrés jusqu'à la rencontre des plaques génales. *Vertex* antérieurement d'une teinte roussâtre obscure, qui s'étend même sur une partie de la base du front. *Prothorax* d'un testacé obscur. *Pieds* et *dessous du corps* flaves.

♀. *Côtés des joues* légèrement sinueux. *Prothorax, vertex, front, dessous du corps* et *pieds* d'un blanc verdâtre, ou d'un vert glauque très-pâle.

Var. A. ♂. D'un vert pâle un peu jaunâtre. *Vertex* beaucoup moins roussi, seulement d'un testacé obscur à sa partie antérieure. *Prothorax* avec une grande tache rembrunie, occupant presque tout son disque et plus ou moins dilatée le long de la base.

Var. B ♂ ♀. D'un beau vert tendre, avec une bande suturale d'un roux ferrugineux.

Corps étroit, sensiblement rétréci en arrière.

Tête échancrée à la base, arrondie en avant ; très-finement chagrinée. *Vertex* transversal ; très-convexe à sa partie antérieure, où il présente des rides transversales très-fines , seulement visibles au moyen d'une forte loupe ; parsemé de quelques points enfoncés obsolètes ; creusé sur son milieu d'un très-léger sillon longitudinal, n'atteignant pas le front ; plus ou moins roussi dans le ♂, d'un vert glauque chez la ♀. *Front* très-légèrement convexe ; ovale, inférieurement rétréci ; flave (♂) ou d'un vert glauque (♀), avec quelquefois des stries obliques sur les côtés. *Joues* longitudinales ; étroites ; d'un vert pâle. *Plaques génales* allongées ; d'un vert pâle. *Chaperon* en carré long, tronqué à la base, sinueux sur les côtés et sensiblement élargi au sommet ; d'un vert pâle, et souvent flave chez le ♂. *Rostre* pâle, noirâtre à son extrémité. *Yeux* grands ; assez saillants ; subarrondis ; plus ou moins obscurs. *Ocelles* petits ; brillants, plus ou moins rembrunis.

Antennes pâles ; à *soie* longue, obscurcie au sommet ; terminée par un petit bouton solide, ovalaire, noir, souvent caduc, surtout chez les ♀.

Prothorax transversal, deux fois plus long que large ; arrondi au sommet, légèrement sinueux au milieu de sa base ; très-finement chagriné, parcimonieusement et obsolètement ponctué en arrière ; d'un testacé plus ou moins obscur (♂), ou d'un vert très-pâle (♀).

Ecusson triangulaire ; très-finement chagriné ; marqué sur son milieu d'une impression en forme de chevron, dont l'ouverture est en arrière ; d'un testacé pâle, paré à la base de deux taches triangulaires ferrugineuses, et d'une troisième arrondie, moins foncée, située avant la pointe postérieure : ces taches quelquefois isolées, d'autres fois réunies de manière à ne laisser pâles que le milieu de la base et les côtés, le plus souvent s'étendant au point d'envahir tout l'écusson qui paraît alors entièrement ferrugineux, avec les taches basilaires ordinairement plus obscures.

Homélytres allongées ; postérieurement sinueuses et croisées à la suture ; à peine aussi larges que le prothorax à leur base, sensiblement rétrécies depuis celle-ci jusqu'au sommet, où elles sont latéralement comprimées ; près de cinq fois plus longues que la tête et le prothorax réunis ; brillantes, à nervures peu saillantes, rembrunies à l'extrémité, et encloses de points enfoncés très-obsolètes ; pâles et diaphanes, avec leur sommet légèrement enfumé, et la suture parée d'une bande ferrugineuse prolongée jusqu'au sinus sutural et quelquefois interrompue après le milieu. *Ailes* pâles, légèrement irisées.

Dessous du corps flave (♂), ou d'un vert très-pâle (♀). *Poitrine* noire au milieu de sa partie antérieure.

Pieds allongés, épineux, flaves (♂), ou d'un vert pâle (♀), avec les ongles et les épines terminales des *tibias* et *tarses* postérieurs, couleur de poix.

PATRIE : Avignon, île de la Barthelasse, sur le peuplier blanc. Mai, Juin. Assez commun.

Obs. La variété A se prend aux environs de Lyon, ainsi que

la variété B, qui mérite d'être signalée à part. Nous la nommerons :

Bythoscopus salicetorum. Cette variété locale, qu'on pourrait bien prendre pour une espèce distincte, diffère du type par sa couleur générale d'un beau vert tendre. Les taches de l'écusson et de la suture sont les mêmes, mais la tête n'est jamais roussie chez les ♂, et l'on ne peut trouver d'autres distinctions sexuelles que celle que présente la structure des deux derniers segments ventraux.

Patrie : Environs de Lyon. Dans les saulaies.

Bythoscopus ocularis.

Elongatus, subtilissimè coriaceus, fusco-luteus, vertice scutelloque pallescentibus : hoc basi maculis duabus triangularibus, illo maculis duabus rotundatis, nigris ; prothorace anticè obscuro-maculato ; homelytrorum nervis albis, plus minusve fusco-interruptis ; pedibus flavis.

Long. 0,004 mill. (1 lig. 3/4).

♂. *Vertex, chaperon* et *front* flaves ou jaunes : celui-ci avec deux rangées longitudinales de petites linéoles transverses, brunes. *Soie* des antennes terminée par un petit *bouton* solide, elliptique, aplati.

♀. *Chaperon* et *front* flaves, variés sur leur milieu de maculatures brunâtres : le dernier paré en outre latéralement de deux rangées longitudinales de linéoles transverses. *Vertex* pâle, avec une bande transversale, bissinueuse, d'un brun ferrugineux, s'étendant d'un œil à l'autre, et de plus un trait oblique obscur au devant des ocelles. *Bouton des antennes* nul ou caduc.

Tête échancrée à la base, antérieurement arrondie, très-finement chagrinée ; d'un flave plus ou moins pâle, varié de brun et de ferrugineux chez les ♀. *Vertex* transversal, convexe à sa partie antérieure, où il présente de fines rides transversales; marqué sur son milieu d'une trace faible de sillon ou espèce de suture rappelant le rapprochement des parties similaires; paré supérieurement, dans les deux sexes, de deux gros points arrondis, noirs.

Front faiblement convexe; en ovale court, légèrement échancré au sommet; très-finement chagriné. *Chaperon* en carré-long, brusquement élargi au sommet: celui-ci rebordé, noir dans les deux sexes. *Joues* à côtés presque droits. *Plaques génales* grandes, allongées. *Rostre* épais; plus ou moins rembruni. *Yeux* grands; subarrondis; plus ou moins obscurs, assez saillants sur les côtés. *Ocelles* petits; brillants, d'un testacé pâle.

Antennes d'un roux testacé : leur *soie* obscure au sommet, terminée par un bouton noir (♂), souvent caduc (♀).

Prothorax transversal, deux fois plus long que large, très-faiblement sinueux au milieu de sa base, largement arrondi au sommet; très-finement chagriné, couvert sur son disque de points rugueux, épars, obsolètes ou bien se transformant en rides transversales courtes, peu visibles; d'une teinte livide, mêlée quelquefois de maculatures d'un ferrugineux clair, avec deux traits transversaux brunâtres à sa partie antérieure.

Ecusson triangulaire, très-faiblement sinueux sur les côtés; marqué sur son milieu d'une impression en forme de chevron dont l'ouverture est en arrière; finement chagriné; pâle, avec deux taches triangulaires noires à sa base, toujours bien tranchées.

Homélytres allongées; de la largeur du prothorax à leur base, graduellement rétrécies depuis celle-ci jusqu'à leur sommet où elles sont latéralement comprimées; assez fortement sinueuses et croisées en arrière à la suture; près de cinq fois plus longues que la tête et le prothorax réunis; peu brillantes; à nervures faibles à la base, plus saillantes au sommet, encloses de points enfoncés obsolètes; d'un gris jaunâtre assez sombre, avec trois taches blanchâtres : une sur le disque : deux suturales sur la clef: ces taches ordinairement peu visibles ; les cellules apicales faiblement diaphanes ; la côte marginale et la nervure externe plus ou moins rembrunies ; les autres nervures blanchâtres, avec leur tiers postérieur brun interrompu de blanc. *Ailes* pâles, légèrement irisées, à nervures brunes.

Poitrine noirâtre, pâle sur les côtés. *Ventre* obscur, avec la base des segments, blanchâtre. *Anus* d'un testacé roussâtre.

Pieds allongés ; épineux ; d'un flave testacé, avec les arêtes inférieure et supérieure des quatre *tibias antérieurs*, l'arête inférieure seulement des postérieurs et les ongles, obscurs. Les cuisses présentent quelquefois avant leur extrémité une linéole ou tache brune, soit en dessus soit en dessous. Les épines apicales des *tibias* et *tarses postérieurs* sont aussi rembrunies.

Patrie : Hyères, la Seyne. Janvier, juin.

Obs. Cette petite espèce ressemble au *Bythoscopus notatus*, H. Schœff. ; mais elle est plus étroite et d'une teinte généralement plus claire. Les nervures des homélytres sont surtout moins saillantes et moins rembrunies.

Bythoscopus sinuatus.

Elongatus, subtilissimè coriaceus, capitis basi sub oculis sinuatâ ; pallidus, pectore medio nigro : vertice prothoraceque posticè punctis duobus rotundatis nigris ; scutello croceo basi nigro-bimaculato ; homelytris apice attenuatis, subdiaphanis, nervis postice infuscatis.

Long. 0,0048 mill. (1 ligne 3/4).

Corps allongé ; très-finement chagriné.

Tête arrondie en avant ; fortement échancrée au milieu de sa base, sensiblement sinueuse à son bord postical au-dessous des yeux ; pâle, avec les sutures des pièces inférieures rembrunies. *Vertex* transversal ; convexe à sa partie antérieure ; paré, à la

base, de deux gros points arrondis noirs , écartés ; d'une teinte
légèrement ferrugineuse sur les côtés auprès des yeux; et d'une
bande médianc aussi ferrugineuse , longitudinalement partagée
par une ligne pâle.

Front presque plan ; allongé ; un peu évasé à la base, circulairement rétréci au sommet ; paré sur les côtés de deux lignes
longitudinales composées de points feriugineux confluents. *Chaperon* oblong, arrondi au sommet. *Joues* très-faiblement arrondies sur les côtés. *Plaques génales* grandes, très-allongées. *Rostre*
assez long, pâle, noirâtre à son extrémité. *Yeux* assez grands ;
subtriangulaires; légèrement transversaux; assez saillants en arrière; plus ou moins obscurs. *Ocelles* assez grands ; assez saillants; assez rapprochés ; d'un rouge ferrugineux.

Antennes pâles , avec leur *soie* sensiblement épaissie à la base
et un peu plus obscure au sommet.

Prothorax transversal, d'une moitié plus large que long; antérieurement arrondi, très-faiblement sinueux au milieu de la base;
finement chagriné; couvert sur le disque de quelques points enfoncés, épars, obsolètes, à peine visibles; d'un flave testacé ,
avec deux gros points noirs en arrière , arrondis et écartés l'un
de l'autre.

Ecusson triangulaire, à pointe postérieure brusque; très finement chagriné ; jaune, paré à la base de deux taches triangulaires
noires, plus ou moins obsolètes, et marqné après le milieu d'une
petite strie transversale noire, n'atteignant pas les côtés.

Homélytres allongées, quatre fois plus longues que la tête et le
prothorax réunis ; de la largeur de celui-ci à leur base ; assez sensiblement rétrécies jusqu'au sommet où elles sont latéralement
comprimées; pâles, chargées de cinq principales nervures fines
mais bien distinctes, testacées et un peu rembrunies au sommet.
Les aréoles diaphanes, brillantes, très-finement et très-légèremen[t]
chagrinées.

Dessous du corps pâle, avec le milieu de la poitrine noir.

Ventre flave (♂), ou jaune (♀), un peu rembruni à la base. *Abdomen* noir en dessus.

Pieds allongés; épineux; flaves, avec les ongles obscurs.

Patrie : Marseille, Avignon. Juin. Assez rare.

Obs. Cette espèce appartient à la division du *Prostigmoderus* Amyot, et ressemble beaucoup aux variétés pâles du *Bythoscopus venosus* Germar, qui en est le type. Elle en diffère par les deux points noirs du prothorax qui, au lieu d'être antérieurs, sont en arrière; par ses élytres beaucoup plus allongées et plus rétrécies à l'extrémité, et par le bord postérieur de la tête sinueux au-dessous des yeux. Le disque du prothorax n'est pas très-rugueux, ni transversalement ridé, mais seulement finement chagriné.

GENRE **STEGELYTRA.**

(Στεγη, toit, ελυτρον, élytre.)

Corpus crassum, posticè compressum.
Caput obtusè trigonum. Vertex excavatus.
Frons elongata, subparallela.
Oculi magni, posticè suprà thoracis discum producti. Ocelli conspicui, antici.
Prothorax brevis, transversus.
Scutellum magnum, triangulare.
Homelytra posticè adscendentia, suturâ elevatâ.
Pedes elongati, spinosi.

Corps épais, oblong.

Tête échancrée à la base, prolongée antérieurement en triangle obtus. *Vertex* creusé d'une excavation plus ou moins profonde.

Front allongé, subparallèle, un peu plus étroit inférieurement. Partie de la tête, située entre lui et les yeux, longitudinale, étroite. *Joues* obtusément arrondies sur les côtés, non sensiblement dilatées. *Plaques génales* grandes, allongées. *Chaperon* un peu plus large au sommet, oblong. *Rostre* épais; assez court; de deux articles apparents. *Yeux* grands; supérieurement sub-arrondis, angulairement prolongés en dessous; dilatés et saillants en arrière, de manière à cacher en partie le bord antérieur du prothorax. *Ocelles* situés auprès des yeux, au bord antérieur de la tête.

Antennes épaisses, avec leur *soie* fine et longue, épaissie à la base.

Prothorax court, transversal.

Ecusson transversal; triangulaire; grand.

Homélytres latéralement comprimées en arrière, légèrement sinueuses mais non croisées à la suture : celle-ci élevée en carêne, plus haute que le dos du prothorax, et remontant à l'extrémité. *Ailes* bordées; à nervures fortes.

Pieds allongés, les postérieurs surtout; fortement épineux, avec les tibias postérieurs plus fortement encore. *Tarses* épineux, de trois articles : les quatre antérieurs à troisième article aussi long que les deux précédents réunis : les deux postérieurs à premier article aussi long que les deux suivants pris ensemble.

Obs. Ce genre lie les *Selenocephalus* aux *Macrospis*. Il se rapproche un peu de ces derniers par la forme de ses homély-tres, mais il s'en éloigne par la conformation des parties infé-rieures de la tête, et surtout par la structure des yeux. La tête non amincie en avant, la forme des homélytres et des joues ne permettent pas de le réunir aux *Selenocephalus*, et le placent plus naturellement auprès des *Jassus*.

Stegelytra alticeps.

Oblongo-ovata, subrugosa, tenuiter hispido-pilosa, griseo-testacea, punctis obscuris subtilibus irrorata; capite obtusè trigono; vertice trans-versìm excavato, medio fusco-ferrugineo, margine postico elevato. Elytris, lateribus compressis, vagè reticulatis, suturá altissimis punctoque medio pallido notatis. Pedes pallidi, fusco-punctati.

Long, 0,006 (3 l) — Larg. 0.0025 à 0,003 (1 1/4 à 1 1/2 l.).

Corps épais ; un peu oblong, rétréci en arrière ; peu brillant ; rugueux ; couvert de poils hispides, courts, couchés, blanchâtres, peu serrés.

Tête échancrée à la base ; médiocrement prolongée en avant en triangle obtus, à bord antérieur non tranchant et assez épais. *Vertex* transversalement excavé ; brièvement sillonné au milieu de sa base ; plus ou moins obsolètement longitudinalement ridé ; d'un testacé pâle, avec de petites mouchetures brunes et une grande tache transversale, dans son milieu, d'un ferrugineux plus ou moins brunâtre : son bord postérieur plus ou moins relevé, plus haut que le dos du prothorax, et creusé de quatre impressions, dont les extérieures se trouvent situées à l'angle interne des yeux.

Toute la *partie inférieure de la tête* d'un testacé pâle, couvert de petites mouchetures brunes plus ou moins distinctes et plus ou moins confluentes. *Front* assez convexe ; allongé, subparallèle, un peu rétréci au sommet : intervalle entre lui et les yeux, étroit, allongé, longitudinal. *Joues* à côtés légèrement arrondis et peu dilatés. *Plaques génales* grandes, oblongues. *Chaperon* allongé, plus large au sommet. *Rostre* d'un testacé plus ou moins obscur, avec l'extrémité brune. *Yeux* grands ; assez saillants ; dilatés en dessous en triangle arrondi, prolongés en arrière par dessus le bord antérieur du prothorax ; plus ou moins rembrunis. *Ocelles* peu saillants, brunâtres.

Antennes testacées : leur *soie* obscure au sommet ; base du deuxième article ordinairement rembrunie.

Prothorax court, transversal, plus de trois fois plus large que long ; faiblement sinueux au milieu de sa base, légèrement arrondi au sommet ; finement ridé en travers ; d'un testacé grisâtre avec de nombreuses mouchetures fines, obscures, et quelques poils courts, blanchâtres, légèrement hispides.

Ecusson en triangle transversal , à côtés faiblement sinueux ; creusé en arrière d'une dépression transversale linéaire , qui en fait notablement relever la pointe terminale ; rugueux en avant, finement ridé en travers après la dépression ; d'un testacé grisâtre , plus ou moins variolé de ferrugineux.

Elytres de la largeur du prothorax à leur base , postérieurement rétrécies et comprimées sur les côtés, circulairement et obliquement tronquées au sommet ; trois fois plus longues que la tête et le prothorax réunis ; chargées de nervures assez distinctes, vaguement réticulées postérieurement ; d'un gris testacé ; criblées de petits points enfoncés rugueux , obscurs , et parcimonieusement couvertes de poils blanchâtres , courts , légèrement hispides, plus ou moins couchés. Suture ordinairement rembrunie, avec une tache pâle sur son milieu, une autre ponctiforme , quelquefois imperceptible, entre celle-ci et l'écusson , et une troisième, à peine visible, vers son sinus ; relevée en carène, et plus haute que le dos du prothorax.

Dessous du corps pâle. *Ventre* testacé, avec des mouchetures brunes.

Pieds épineux : les postérieurs très-allongés ; d'un testacé pâle, avec des points obscurs, quelquefois confluents sur les cuisses antérieures et intermédiaires , plus rares sur les postérieures. *Ongles* couleur de poix.

Patrie : Languedoc, Provence. Janvier, mars. Assez rare.

Obs. Quelquefois la couleur est plus claire, les mouchetures passant du brun foncé au ferrugineux clair. Quelquefois aussi le bord postérieur du vertex est moins relevé, et ses impressior à peine marquées.

Jassus cyclops.

Elongatus, apice attenuatus, nitidulus, capite obtusè trigono ; pallidè testaceus : verticis basi puncto majore rotundato, alteroque minore utrinque sub oculis, nigris; suturâ obscuro-bipunctatâ ; tibiis posticis obsoletè fusco-punctatis.

Long. 0,006 (2 2/3 l.)

Corps allongé, étroit, postérieurement rétréci ; assez brillant.

Tête prolongée en avant en triangle obtus, légèrement arrondie sur les côtés et fortement échancrée à la base ; assez brillante ; d'un fauve testacé en dessus, plus pâle en dessous. *Vertex* faiblement convexe, paré d'un gros point noir au milieu de sa base et de faibles traces d'arcs obscurs à son sommet. *Front* convexe ; allongé ; plus large à la base, légèrement sinueux sur les côtés et un peu rétréci à l'extrémité. *Joues* fortement arrondies sur les côtés ; parées chacune au-devant de l'insertion des antennes d'un point noir un peu moins gros que celui du vertex. *Plaques génales* grandes, allongées, subelliptiques. *Chaperon* en carré long, guère plus large au sommet. *Rostre* pâle, un peu rembruni à l'extrémité. *Yeux* grands, assez saillants en arrière ; plus ou moins obscurs. *Ocelles* peu saillants ; pâles.

Antennes d'un testacé pâle, avec leur *soie* très-fine légèrement renflée à sa base, obscure au sommet, longue, atteignant la moitié du corps.

Prothorax transversal, deux fois plus large que long ; arrondi au sommet, presque droit ou très-obsolètement bissinueux à la base ; assez brillant ; d'un testacé pâle.

Ecusson triangulaire ; d'un testacé pâle ; marqué après son milieu d'une impression linéaire ou strie transversale arquée.

Homélytres allongées, cinq fois plus longues que la tête et le prothorax réunis ; de la largeur de celui-ci à leur base, rétrécies en arrière où elles sont latéralement comprimées ; d'un roux testacé à reflets brillants et dorés, avec les nervures peu saillantes, un peu plus obscures, et deux points brunâtres sur la suture de la clef : l'un à l'extrémité de la première cellule, l'autre à l'extrémité de la deuxième. *Ailes* pâles, irisées.

Dessous du corps et *pieds* très-pâles : ceux-ci allongés, épi-

neux, avec les ongles obscurs. Epines des tibias postérieurs rem--
brunies à leur base.

Patrie : Provence.

Jassus hæmatoceps.

*Elongatus, posticè attenuatus, vertice basi subtiliter canaliculato ;
rufescens, capite obtusè trigono, scutello thoraceque sanguineo variegatis, hoc basi nigro-bimaculato; hom*elytris* nitidulis, subpellucidis,
maculis oblongis albidis, nervis rubris ; pectore ventrisque basi nigris;
pedes pallido-flavi, fusco-punctati.*

Long. 0,0035 (1 1/3 l.).

Corps allongé, postérieurement rétréci ; assez brillant.

Téte échancrée à la base, prolongée en devant en triangle
obtus, arrondi. *Vertex* finement canaliculé ; d'un testacé pàle,
varié de veinules d'un rouge sanguin plus ou moins confluentes
Front légèrement convexe; allongé, inférieurement rétréci et
faiblement échancré au sommet ; d'un testacé pàle, et marqué
à sa partie supérieure de quelques veinules d'un rouge sanguin.
Partie de la tète comprise entre lui et les yeux, étroite, longitudinale; pàle et veinée de rouge sur les côtés. *Joues* flaves ; faiblement dilatées sur les côtés. *Plaques génales* ovales ; flaves.
Chaperon allongé ; faiblement sinueux sur les côtés, arrondi au
sommet; flave. *Rostre* assez long ; d'un testacé rougeàtre, avec
l'extrémité noire. *Yeux* grands ; peu saillants ; transversaux; plus
ou moins obscurs. *Ocelles* très-petits ; obscurs.

Antennes flaves, avec une tache obscure sur le deuxième
article.

Prothorax transversal, près de trois fois plus large que long,
fortement arrondi en avant, et très-faiblement sinueux au milieu
de sa base ; assez brillant, antérieurement pâle, postérieurement
variolé de taches sanguines beaucoup moins vives que celles
du vertex ; paré en outre à la base de deux taches nébuleuses.

9

Ecusson triangulaire ; marqué après le milieu d'une petite strie ou sillon transversal, légèrement arqué, n'atteignant pas les côtés ; d'un testacé pâle , varié en avant de taches sanguines

Homélytres allongées, de la largeur du prothorax à leur base ; postérieurement rétrécies, sinueuses et croisées à la suture; quatre fois et demie plus longues que la tête et le prothorax réunis ; d'un roux fauve à reflets brillants, avec des taches elliptiques blanchâtres, translucides, disposées de la manière suivante : trois à la base de la clef, seulement séparées par les nervures : une avant l'extrémité de la deuxième cellule, et une avant l'extrémité de la troisième; enfin quatre sur le disque, situées l'une après l'autre, entre la troisième et la quatrième nervure à partir de la côte marginale. La côte suturale et les nervures sont rouges, celles-ci plus foncées vers le sommet. Les cellules marginales et apicales sont plus ou moins transparentes. *Ailes* pâles, légèrement irisées.

Dessous du corps flave : milieu de la *poitrine* et base du *ventre* noirs.

Pieds allongés ; épineux ; d'un flave testacé, avec un ou deux traits obscurs à la base des cuisses antérieures et intermédiaires, et les ongles couleur de poix. *Tibias postérieurs* distinctement, les *intermédiaires* obscurément, ponctués de brun.

PATRIE : Hyères. Mars.

OBS. Cette espèce est voisine du *Jassus croceus*, H. SCHÆFF., dont elle s'éloigne par son prolongement céphalique moins saillant, et par les taches sanguines de la tête.

Jassus didymus.

Elongatus, subdepressus, nitidulus, capite obtusissimè trigono ; nigricans : duabus lineolis apice frontis, duabus antè ocellos, thoracis maculá laterali lineáque longitudinali mediá, croceis ; pedibus lividis, nigro-punctatis, femoribus infuscatis.

Long. 0,0035 (1 1/2 l.).

Corps allongé ; subdéprimé ; brillant ; noirâtre.

Tête échancrée à la base, faiblement et très-obtusément prolongée en avant en triangle arrondi ; très-finement chagrinée ,
d'un noir opaque. *Vertex* faiblement convexe ; paré à sa base
d'une ligne longitudinale lisse et de deux plaques arrondies également lisses, brillantes. *Front* convexe ; ovale, inférieurement
rétréci ; orné de deux traits jaunes à l'extrémité, et, sur les côtés,
de linéoles transverses lisses. Partie comprise entre les yeux et
le front oblongue, longitudinale , parée au devant des ocelles
d'une linéole jaune. *Joues* anguleusement dilatées sur les côtés ,
et jaunes à leur angle de dilatation. *Plaques génales* ovales.
Chaperon oblong, arrondi au sommet, d'un brun de poix, plus
ou moins pâle sur les bords. *Rostre* assez épais, plus ou moins
obscur. *Yeux* grands ; peu saillants ; pâles, avec le bord interne
ferrugineux. *Ocelles* assez saillants, testacés.

Antennes plus ou moins obscures, à premier article plus pâle.

Prothorax transversal ; deux fois plus large que long ; arrondi
en avant, très-légèrement sinueux au milieu de sa base ; subdéprimé ; obsolètement ridé en travers ; d'un noir brillant , avec
une ligne médiane jaune et une grande tache de la même couleur
couvrant les côtés.

Ecusson triangulaire ; noir ; finement chagriné, avec un point
jaune au milieu de sa base.

Homélytres allongées, cinq fois plus longues que la tête et le
prothorax réunis ; de la largeur de celui-ci à leur base ; subparallèles, très-peu élargies au milieu et très-peu rétrécies au sommet,
où, au lieu d'être comprimées, elles sont seulement légèrement
déclives sur les côtés ; d'une couleur brunâtre, brillante et légèrement translucide ; à nervures obsolètes et seulement apparentes au sommet. Elles sont faiblement sinueuses en arrière à la
suture, où elles se recouvrent un peu. *Ailes* enfumées.

Dessous du corps d'un noir obscur, avec l'insertion des hanches et des taches sur les côtés du ventre, d'un jaune pâle.

Pieds allongés ; épineux ; livides, avec le sommet des tarses obscur, et les tarses et tibias postérieurs distinctement ponctués de brun : cuisses intermédiaires et postérieures rembrunies jusque près de l'extrémité : tibias intermédiaires obscurément maculés de brun.

Patrie : Bresse. Septembre. Rare.

Athysanus quadrinotatus.

Oblongus, nitidus, pallidus : pectore ventrisque basi, verticis obtusè trigoni punctis quatuor rotundatis, thoracis lineolis duo anticis, nigris ; scutello basi punctis duobus fuscis; homelytris vitreis, apice infuscatis, lætè fusco-nervosis, ad suturam posticè vix sinuatis ; pedibus fusco-punctatis.

Long. 0,006 (2 1/3 l.)

Corps oblong; brillant; translucide.

Tête échancrée postérieurement; prolongée en devant en triangle obtus, arrondi ; brillante, pâle avec les sutures des pièces inférieures et quatre taches subarrondies transversalement disposées sur le *vertex,* noires : celui-ci légèrement déprimé vers sa base où il est finement canaliculé, et marqué de chaque côté en arrière de deux fossettes rembrunies. *Front* assez convexe ; rétréci au sommet où il est légèrement échancré ; présentant à sa partie supérieure et sur les côtés de faibles vestiges de linéoles transverses obscures. Partie inférieure de la tête, comprise entre les yeux et le front, oblongue, longitudinale ; parée à sa partie supérieure d'une petite tache noirâtre. *Joues* assez forte-ment dilatées sur les côtés. *Plaques génales* ovales. *Chaperon* oblong, un peu plus étroit à la base, fortement arrondi au som-met. *Rostre* d'un roux testacé, avec l'extrémité noirâtre. *Yeux* grands, postérieurement saillants plus ou moins obscurs, avec leur bord antérieur pâle. *Ocelles* peu saillants; testacés.

Antennes d'un testacé pâle, avec leur *soie* plus obscure à l'extrémité.

Prothorax transversal ; près de trois fois plus large que long, arrondi en avant, très-faiblement sinueux au milieu de sa base ; chargé postérieurement sur son disque de rides transversales obsolètes ; brillant, pâle , paré antérieurement de deux traits noirâtres, transverses, laissant entre eux une traînée obscure paraissant indiquer les vestiges de deux autres traits intermédiaires, semblables mais oblitérés.

Ecusson triangulaire , postérieurement légèrement sinueux sur les côtés ; marqué après son milieu d'une impression linéaire ou strie transverse , faiblement arquée ; pâle et paré à la base de deux petites taches brunes et de deux autres intermédiaires mais obsolètes.

Homélytres allongées ; de la largeur du prothorax à leur base, s'élargissant un peu vers le milieu pour se rétrécir ensuite en arrière, où elles sont latéralement comprimées ; quatre fois plus longues que la tête et le prothorax réunis ; d'une couleur très-pâle et diaphane, avec le sommet enfumé : les côtes suturale et marginale, ainsi que la côte externe de la clef, d'un testacé assez pâle : les nervures, moins leur base, d'un brun noirâtre, qui tranche fortement sur le fond vitreux des aréoles. Les veinules qui séparent les cellules apicales, deviennent pâles dès qu'elles rencontrent la partie enfumée du sommet des homélytres. *Ailes* blanchâtres, à nervures fortes, obscures.

Poitrine noire, flave sur les côtés. *Ventre* flave, noir au milieu de la base et sur les côtés des segments.

Pieds assez allongés ; épineux ; flaves et ponctués de brun. *Ongles* couleur de poix.

Patrie : Montagnes du Beaujolais. Novembre. Rare.

Obs. Cette espèce a tout-à-fait le faciès de l'*Athysanus plebejus*

F*allen*; mais elle s'en distingue facilement par ses élytres à cellules diaphanes et à nervures rembrunies, et par la disposition des taches du vertex.

Deltocephalus medius.

Elongatus, capite trigono ; pallido-chlorizans : verticis lineolis duabus, pectore ventrisque basi, nigris ; prothorace fusco-quadrilineato ; homelytris pellucidis, albescentibus , fortiùs nervosis ; pedibus fusco-punctatis.

Long. 0,0045 (1 3/4 à 2 l.).

Corps allongé ; pâle, légèrement verdâtre.

Tête échancrée à la base, antérieurement prolongée en triangle prononcé. *Vertex* déprimé ; pâle, paré sur son disque de quatre taches nébuleuses disposées en quadrille, et, entr'elles, marqué d'un léger sillon longitudinal qui n'atteint pas le sommet : celui-ci avec deux traits noirs longitudinaux , un peu plus écartés entr'eux en arrière qu'en avant.

Front convexe ; plus long que large, rétréci inférieurement et légèrement échancré au sommet ; nébuleux, avec une ligne médiane et sur les côtés des lignes transverses, pâles. *Joues* un peu dilatées sur les côtés ; pâles. *Plaques génales* pâles ; en ovale inférieurement lancéolé. *Chaperon* oblong, un peu plus étroit et légèrement arrondi au sommet ; pâle. *Rostre* d'un testacé pâle, noirâtre au sommet. *Yeux* grands ; postérieurement saillants ; subarrondis ; noirâtres. *Ocelles* petits ; ferrugineux ; situés sur la tranche du vertex en avant de la ligne des yeux.

Antennes pâles, avec leur *soie* obscure au sommet.

Prothorax transversal ; deux fois et demie plus large que long ; arrondi au sommet, presque droit à la base ; très-obsolètement ridé en travers ; d'un jaune pâle, brillant, avec quatre bandes longitudinales nébuleuses.

Ecusson triangulaire ; d'un jaune paille ; marqué après son milieu d'une impression linéaire ou strie transversale très-faiblement arquée, et paré à sa base de quatre taches obscures , plus ou moins recouvertes par le bord postérieur du prothorax.

Homélytres allongées, près de trois fois plus longues que la tête et le prothorax réu... ; à peine de la largeur de celui-ci à leur base, à peine plus larges après le milieu ; blanchâtres et diaphanes, avec un léger reflet d'un vert de chlore, surtout sur les nervures : celles-ci fortes, peu réticulées au sommet *Ailes* irisées de bleu, de vert et de violet.

Dessous du corps pâle, avec le milieu de la poitrine et la base du *ventre* noirs. Les bords latéraux de ce dernier jaunes avec des points noirs.

Pieds allongés; fortement épineux ; pâles, avec quelques traits nébuleux sur les cuisses : les tibias ponctués de brun, et les ongles obscurs.

Patrie : Environs de Lyon. Très-rare.

Obs. Cette espèce ressemble beaucoup au *Deltocephalus abdominalis,* Germar , dont elle diffère par les linéoles noires du vertex, par la couleur générale plus pâle et par les nervures des homélytres beaucoup plus fortes.

Deltocephalus luteus.

Oblongus, capite trigono ; opacus, luteus : homelytrorum costâ marginali basi albidâ ; pectore abdominisque medio nigris ; pedibus luteo-testaceis, tibiis nigro-punctatis.

Long. 0,0035 (1 1/3 l.).

Corps oblong; en dessus d'une teinte mate, argileuse.

Tête fortement échancrée à la base; prolongée antérieurement en triangle assez prononcé, légèrement arrondie sur les côtés, d'un jaune d'ocre mat. *Vertex* très-légèrement convexe en avant, plan en arrière où il est marqué d'un fin sillon longitudinal. *Front* convexe ; oblong ; plus étroit au sommet où il est faiblement échancré ; paré sur les côtés de lignes transversales nébuleuses, guère plus foncées que le reste. *Joues* arrondies sur les côtés. *Plaques génales* oblongues. *Chaperon* en carré long, plus étroit et légèrement arrondi au sommet. *Rostre* roussâtre, obscur au sommet. *Yeux* grands; transversaux; postérieurement saillants; noirâtres. *Ocelles* très-petits, rembrunis.

Antennes jaunâtres, avec leur *soie* obscure à l'extrémité.

Prothorax transversal, près de deux fois et demie plus large que long; arrondi au sommet, très-légèrement sinueux à la base; d'un jaune d'ocre mat, avec une ligne médiane et la partie postérieure plus pâles.

Écusson triangulaire, à angle terminal brusquement rétréci en pointe; marqué après son milieu d'une impression linéaire ou strie transverse, légèrement arquée; entièrement d'un jaune d'ocre mat, un peu orangé.

Homélytres oblongues, de la largeur du prothorax à leur base, un peu élargies en arrière; deux fois et demie plus longues que la tête et le prothorax réunis; ne dépassant pas de beaucoup l'abdomen; d'un flave pâle, avec des nervures bien distinctes et quelques points rembrunis autour des cellules apicales. La côte marginale est d'un jaune pâle jusqu'aux deux tiers de sa longueur.

Poitrine noire, avec une légère bordure d'un roux jaunâtre sur les côtés. *Ventre* noir au milieu et à la base, avec l'extrémité et de grandes taches sur les côtés, d'un roux jaunâtre.

Pieds allongés; fortement épineux; flaves, avec les tibias ponctués de brun et les ongles obscurs.

Patrie : Faillefeu (Basses Alpes).

Obs. Cette espèce ressemble beaucoup aux variétés pâles du *Deltocephalus ocellaris*; mais elle s'en distingue suffisamment par sa couleur mate, par son prolongement céphalique beaucoup moins aigu, et par les nervures des homélytres plus fortes.

GENRE **PROCEPS**.

(Pro, en avant ; caput, tête).

Corpus elongatum, sublineare.
Caput elongatum, acutissimè trigonum.
Frons elongata, apice subattenuata.
Oculi magni, subovati, transversi.
Prothorax brevis, transversus.
Scutellum triangulare.
Homelytra elongata, posticè paulo decussata et extrorsùm reflexa.
Pedes elongati, spinosi.

Corps allongé, sublinéaire.

Tête échancrée à la base, fortement prolongée en avant en angle très-aigu, aciculaire. *Vertex* plan ; profondément sillonné à la base. *Front* allongé, subatténué au sommet. *Joues* un peu arrondies et dilatées sur les côtés. *Plaques génales* oblongues, subelliptiques. *Chaperon* en carré long, un peu plus large au sommet. *Yeux* grands ; subovales ; transverses ; subdéprimés.

Ocelles saillants, situés au devant des yeux.

Antennes assez longues, leur *soie* fine, plus épaisse à la base.

Rostre court, de deux articles apparents.

Prothorax court, transversal.

Écusson assez grand ; triangulaire.

Homélytres allongées ; latéralement comprimées en arrière et puis réfléchies en dehors, postérieurement sinueuses et un peu croisées à la suture.

Pieds allongés, surtout les postérieurs. Tibias antérieurs et intermédiaires médiocrement épineux : les postérieurs fortement. *Tarses* de trois articles : les antérieurs à troisième article de la longueur des deux précédents réunis ; les deux postérieurs à premier article aussi long que les deux suivants réunis.

Obs. Ce genre rappelle, par la forme de ses élytres, le *Jassus undatus*, Germ. ; mais il ne peut être confondu avec lui ni avec ses congénères à cause de la forme singulière de son prolongement céphalique.

P. acicularis.

Elongatissimus, sublinearis ; infrà cum pedibus pallidus , ventre basi nigro ; suprà brunneus pallido irroratus, vertice lineâ mediâ testaceâ, homelytris posticè compressis et reflexis limbo laterali albidopellucido.

Long. 0,005 (2 l.) Larg. 0,001 (1/3 l.).

Corps très-allongé, sublinéaire.

Tête postérieurement échancrée, prolongée antérieurement en cône très-allongé, légèrement sinueux sur les côtés. *Vertex* faiblement arqué dans le sens de sa longueur ; creusé, de la base jusqu'à la moitié , d'un sillon profond ; finement chagriné ; d'un noir brun opaque, avec une ligne longitudinale au milieu, et deux ou trois traits sur les côtés en avant des yeux, pâles : la ligne médiane étroite en avant, d'une largeur plus que double en arrière à partir de l'extrémité antérieure du sillon de la base.

Front droit vu de profil , transversalement convexe vu par devant ; pâle ; allongé, un peu plus large à la base et un peu rétréci au sommet. *Joues* pâles ; un peu dilatées et fortement arrondies sur les côtés. *Plaques génales* subelliptiques. *Chaperon* allongé, un peu plus large et légèrement arrondi au sommet ; pâle ainsi que les plaques génales. Partie inférieure de la tête, comprise entre les yeux et la base du front , irrégulière, pas plus large que longue ; brune avec un trait transversal pâle. *Rostre* testacé, cilié, noirâtre au sommet. *Yeux* grands ; transversaux ; subovales ; subdéprimés, plus ou moins obscurs. *Ocelles* saillants ; d'un ferrugineux clair ; placés au devant des yeux près de la tranche latérale.

Antennes pâles, avec leur *soie* graduellement épaissie à la base et obscure au sommet.

Prothorax transversal, deux fois plus large que long, arrondi au sommet, légèrement échancré à la base ; sensiblement voûté ; très-finement chagriné ; brun, varié de petites linéoles transverses pâles, irrégulières ; obscurément paré de trois lignes longitudinales pâles : une médiane assez visible antérieurement disparaissant vers le milieu, et une autre de chaque côté, derrière les yeux, peu marquée.

Écusson grand ; triangulaire ; très-faiblement sinueux sur les côtés ; très finement chagriné ; postérieurement creusé d'un sillon transversal ; d'une couleur livide avec deux petites taches obscures au sommet, une teinte semblable au milieu de la base, et, de chaque côté de celle-ci, deux grandes taches triangulaires noires.

Homélytres allongées, sublinéaires ; de la largeur du prothorax à leur base, un peu plus larges après les épaules, et puis assez sensiblement rétrécies après le milieu, où elles sont latéralement comprimées, pour ensuite se recourber en dehors à leur sommet ; deux fois et demie plus longues que la tête et le prothorax réunis ; assez sensiblement sinueuses à la suture, en arrière, où elles se croisent un peu ; chargées de cinq nervures principales peu saillantes ; brunes avec des points pâles, transparents, le long des nervures, et deux taches de même couleur sur la clef : l'une au milieu, l'autre aux deux tiers près de la côte suturale ; les côtés, avec une large bordure blanchâtre et diaphane, intérieurement onduleuse ou brisée en arrière ; la partie brune du disque plus foncée à l'extrémité et le long de cette bordure latérale.

Dessous du corps pâle. *Ventre* flave, avec une tache noire à la base, s'étendant jusqu'au milieu.

Pieds allongés, épineux, flaves, avec les ongles obscurs.

Patrie : Hyères. Juin.

Typhlocyba lunaris.

Elongata, sublinearis, capite obtusè trigono ; pallida : homelytris vittâ suturali purpureâ ; capite, thorace scutelloque purpureo-maculatis; vertice scutelloque punctis duobus magnis nigris ; tarsis posticis dimidiato nigris.

Long. 0,003 à 0,004 (1 1/4 à 1 1/3 l.).

Corps étroit, allongé, sublinéaire.

Tête échancrée à la base ; prolongée antérieurement en triangle obtus ; pâle plus ou moins tachée de pourpre. *Vertex* légèrement convexe, avec deux gros points noirs en arrière, assez rapprochés ; un point d'un rouge pourpré vers le sommet, et deux taches de même couleur au côté interne des yeux, plus ou moins liées inférieurement à deux autres taches semblables, situées au haut du *front*. Celui-ci allongé, rétréci au sommet ; entièrement pâle, ainsi que les joues, les plaques génales et le *chaperon*. Ce dernier oblong, arrondi au sommet. *Joues* légèrement arrondies sur les côtés. *Plaques génales* en ellipse allongée. *Rostre* pâle, noir au sommet. *Yeux* grands; peu saillants ; plus ou moins obscurs. *Ocelles* non apparents.

Antennes pâles ; à *soie* épaisse, à la base, à peine obscurcie au sommet.

Prothorax légèrement transversal; d'une moitié plus large que long, arrondi au sommet, très-légèrement échancré ou presque droit à la base ; pâle, paré de taches sanguines qui l'envahissent presque tout entier, au point de le faire paraître pourpré, avec trois taches pâles sur le disque : l'une antérieure, les deux autres de chaque côté et un peu en arrière de celle-ci.

Écusson triangulaire, faiblement sinueux en arrière sur les côtés ; marqué d'une petite strie transverse avant son extrémité ; d'une couleur pâle plus ou moins teintée de pourpre, avec deux gros points noirs à la base, subarrondis, situés aux angles latéraux.

Homélytres allongées, quatre fois plus longues que la tête et le prothorax réunis ; de la largeur de celui-ci à leur base, sublinéaires ou faiblement rétrécies en arrière ; pâles, brillantes, plus ou moins diaphanes postérieurement et sur les côtés ; parées à la suture d'une large bande d'un rouge sanguin, droite à son côté externe, prolongée jusqu'aux trois quarts de leur longueur, laissant à la base derrière l'écusson une grande tache carrée pâle et une autre plus petite, cyathiforme, à l'extrémité de la clef ; non rebordées au sommet, avec quatre cellules apicales : l'une externe, subtriangulaire ; les trois autres, allongées, subparallèles. *Ailes* blanches, non bordées, avec deux cellules apicales.

Dessous du corps d'un jaune pâle.

Pieds assez allongés ; épineux ; pâles, avec les ongles obscurs. *Tarses postérieurs* pâles, avec leur dernière moitié d'un noir tranché.

Patrie : Hyères. Janvier. Rare.

Obs. Cette espèce est intermédiaire entre la *Typhlocyba blandula*, Rossi, et la *Typhlocyba tiliæ*, Amyot. Elle s'éloigne de celle-ci par la couleur du prothorax et du dessous du corps ; de celle-là, par les taches noires du vertex et par la forme de la bande suturale, qui est droite en dehors, au lieu d'être flexueuse.

Typhlocyba bisignata.

Elongata, sublinearis, capite obtusè trigono ; suprâ pallida, infrâ cœruleo-nigra : fronte ferrugineâ, verticè antice nigro-bipunctato, prothoracis disco leviter infuscato ; homelytris vittis longitudinalibus viridi-luteis ; pedibus pallidis.

Long. 0,003 (1 1/4 l.).

Corps allongé, sublinéaire.

Tête fortement échancrée à la base, prolongée antérieurement en triangle obtus. *Vertex* légèrement convexe, finement canaliculé en arrière ; pâle, avec une légère teinte orangée à la base, et deux gros points noirs, subtriangulaires, vers le sommet. *Front* convexe, allongé, rétréci au sommet ; ferrugineux, avec l'extrémité d'un noir irisé de bleuâtre, et, sur les côtés, des linéoles transverses, obscures, obsolètes. *Joues* très-faiblement sinueuses sur les côtés, ferrugineuses avec leur bord inférieur pâle. *Plaques génales* oblongues, ferrugineuses. *Chaperon* oblong, un peu plus large et arrondi au sommet, d'un noir velouté, bleuâtre sur les côtés. *Yeux* grands, peu saillants, obscurs. *Ocelles* non apparents.

Antennes pâles, à *soie* graduellement épaissie à la base.

Prothorax transversal, deux fois plus large que long ; fortement arrondi au sommet, légèrement sinueux au milieu de la base ; postérieurement couvert d'une teinte nébuleuse qui ne laisse que les côtés et le bord antérieur pâles : celui-ci paré de deux traits obscurs.

Écusson triangulaire ; d'un jaune pâle, avec une strie ou dépression linéaire transverse avant son sommet.

Homélytres de la largeur du prothorax à leur base ; sublinéaires, un peu rétrécies en arrière ; non bordées au sommet ; deux fois et demie plus longues que la tête et le prothorax réunis ; pâles, diaphanes, avec des bandes longitudinales opaques, peu tranchées, d'un jaune verdâtre ; terminées par quatre cellules : l'externe marginale, subtriangulaire : les trois autres, allongées, subparallèles. *Ailes* blanchâtres, légèrement irisées, diaphanes ; non bordées, avec deux cellules apicales.

Dessous du corps d'un noir bleuâtre irisé. Pénultième segment ventral pâle à son bord apical.

Pieds allongés ; épineux ; pâles, avec les ongles plus obscurs.

PATRIE : Hyères. Janvier. Rare.

Obs. Cette espèce doit se ranger à côté de la *Typhlocyba tiliæ,* dont elle se distingue par la couleur des homélytes et par son écusson immaculé.

Typhlocyba rorida.

Elongata, sublinearis, capite trigono; pallida: scutelli apice, capitis punctis 7, prothoracis 5, purpureis; homelytris punctis maculisque purpureis signatis.

Long. 0,003 (1 1/4 l.).

Corps allongé, sublinéaire.

Tête fortement échancrée à la base, antérieurement prolongée en triangle prononcé, légèrement arrondie sur les côtés ; pâle et parée de sept points d'un rouge-cerise : quatre sur le vertex, dont deux en arrière, écartés, et deux en avant beaucoup plus rapprochés ; et trois autres, à sa face inférieure, transversalement disposés, dont un au milieu de la base du front et un autre de chaque côté sur la partie comprise entre celui-ci et les yeux. *Vertex* légèrement convexe, sans trace de sillon à sa base. *Front* allongé, convexe, sensiblement rétréci au sommet. *Joues* faiblement arrondies sur les côtés. *Plaques génales* subelliptiques. *Chaperon allongé*, arrondi au sommet. *Rostre* testacé, légèrement rembruni à l'extrémité. *Yeux* grands, transversaux noirâtres. *Ocelles* non apparents.

Antennes assez longues, entièrement pâles : leur *soie* graduellement un peu plus épaisses à la base.

Prothorax légèrement transversal ; d'une moitié plus large que long ; fortement arrondi au sommet, faiblement échancré à la base ; marqué en avant d'un sillon arqué parallèle au bord antérieur ; pâle et paré de cinq points d'un rouge-cerise, disposés en quinconce : les deux postérieurs beaucoup plus écartés que les deux antérieurs.

Écusson triangulaire ; pâle, avec une tache d'un rouge-cerise à l'angle postical et une légère teinte nébuleuse, flavescente, aux angles latéraux.

Homélytres allongées, sublinéaires; de la largeur du prothorax à leur base, un peu plus étroites vers le sommet, où elles ne sont pas bordées et présentent quatre cellules apicales : l'externe, marginale, subtriangulaire : les trois autres allongées, subparallèles ; pâles avec les côtés et l'extrémité diaphanes ; parées chacune de cinq points principaux d'un rouge-cerise, et de trois taches principales de même couleur : les points sont ainsi disposés : trois sur la côte marginale, plus ou moins divisés ou géminés : un quatrième à l'extrémité du disque, situé à la base des première et deuxième cellules apicales internes : le cinquième aux deux tiers de la côte suturale, émettant antérieurement et en dehors un trait jaunâtre oblique. Les taches sont assez grandes, irrégulières : une, antérieure, située sur le bord externe de la clef : l'autre, après le milieu de celle-ci, dont elle occupe toute la largeur ; la troisième au milieu du bord interne du disque (elles sont plus ou moins dilatées de manière à se réunir et former une bande anguleuse dont le coude touche à la suture ; quelquefois celle de la base est oblitérée). On aperçoit aussi de petits points accidentels derrière la tache interne du disque, d'autres semblables entre cette dernière et le point intermédiaire de la côte marginale, et enfin un autre, ordinairement plus grand, entre cette même tache interne du disque et le point postérieur de la même côte marginale. *Ailes* pâles ; non bordées, avec deux cellules apicales.

Dessous du corps flave.

Pieds allongés; épineux ; flaves. *Ongles* obscurs, ainsi qu'une des rangées d'épines des tibias postérieurs.

Patrie : Hyères. Janvier. Rare.

Obs. Outre le dessin de la tête, du prothorax et des élytres, cette espèce diffère encore de la *T. blandula*, Rossi, par son prolongement céphalique beaucoup plus saillant.

Typhlocyba stigmatipennis.

*Elongata, capite trigono ; luteo-viridis, maculis pallidis variegata :
clypeo, pedibus, ventreque cæruleo-virescentibus ; homelytris pallido-
virescentibus, vittis 4 interruptis luteo-viridibus et punctis duobus stig-
matiformibus nigris.*

Long. 0,004 mill. (1 3/4).

Corps allongé, un peu plus large au milieu, rétréci au sommet.

Tête fortement échancrée à la base, prolongée en avant en
triangle obtus, arrondi ; pâle et variée de taches d'un jaune verdâtre. *Vertex* presque plan, finement canaliculé à la base, transversalement déprimé en arrière ; paraissant jaunâtre avec une
bande médiane, le sommet et une tache arrondie, de chaque
côté, vers les yeux, pâles, antérieurement paré de deux traits
transverses, nébuleux, bleuâtres. *Front* très-allongé, rétréci au
sommet, légèrement convexe ; pâle, d'un vert plus ou moins
bleuâtre à son extrémité, avec deux grandes taches nébuleuses
jaunâtres, à la base. *Joues* étroites ; presque droites sur les côtés ;
d'un vert pâle, avec leur partie inférieure d'un vert bleuâtre.
Plaques génales d'un vert bleuâtre. *Chaperon* allongé ; lancéolé
au sommet ; d'un vert bleuâtre. *Yeux* grands ; transversaux ;
peu saillants ; plus ou moins obscurs. *Ocelles* non apparents.

Antennes verdâtres, avec leur *soie* graduellement épaissie ;
la base, obscure au sommet.

Prothorax légèrement transversal ; d'une moitié plus large
que long ; arrondi au sommet ; très-légèrement échancré à la
base ; d'un jaune un peu verdâtre, avec les bords latéraux, la
base et huit taches principales, d'un vert blanchâtre très-pâle :
deux en arrière, liées à la bordure pâle de la base : une de chaque
côté derrière les yeux, et quatre sur la partie antérieure du disque, disposées et plus ou moins réunies en croix.

Ecusson triangulaire ; d'un jaune verdâtre, varié de taches
pâles.

10

Homélytres allongées ; de la largeur du prothorax à leur base ; sensiblement arrondies et élargies au milieu, puis légèrement rétrécies au sommet, où elles ne sont pas bordées, et présentent quatre cellules allongées, subparallèles; trois fois plus longues que la tête et le prothorax réunis ; postérieurement diaphanes ; d'un vert très-pâle, avec quatre bandes longitudinales interrompues, d'un jaune légèrement verdâtre : la première sur la clef, vers son tiers antérieur, dilatée en dedans à angle droit jusqu'à la suture, et interrompue après le milieu : la deuxième, couvrant la nervure interne du disque, aussi interrompue au milieu : la troisième, deux fois interrompue, couvrant la deuxième nervure : la quatrième sur la nervure latérale, plus ou moins dilatée à sa base, où elle se lie ordinairement avec la précédente ; parées en outre, avant le milieu, sur les côtés, d'une grande tache ou pellicule lactescente, allongée, plus ou moins visible, et postérieurement de deux points noirs stigmatiques : l'un, un peu plus fort, vers la base de la première cellule apicale à partir de la suture : l'autre vers la base de la deuxième, à partir du bord latéral. *Ailes* blanchâtres, diaphanes; bordées, avec deux cellules apicales allongées.

Poitrine d'un vert pâle. *Ventre* d'un vert pâle à la base, d'un vert bleuâtre au sommet.

Pieds allongés ; épineux ; d'un vert plus ou moins bleuâtre en se rapprochant de l'extrémité. *Ongles* obscurs.

Patrie : le midi de la France.

Typhlocyba nivea.

Elongata, sublinearis, posticè attenuata, capite obtusè trigono; nitidula, pellucido-nivea : ano, oculis unguiculisque obscuris.

Long. 0,0035 mill. (1 1/2 l.).

Corps allongé ; brillant ; sublinéaire.

Tête fortement échancrée en arrière, prolongée en avant en triangle obtus; entièrement d'une couleur très-pâle, blanchâtre. *Vertex* convexe; finement canaliculé à la base; quelquefois lavé de jaune très-pâle sur les côtés. *Front* convexe; allongé; rétréci au sommet. *Joues* faiblement arrondies sur les côtés. *Plaques génales* allongées, elliptiques. *Chaperon* oblong; circulairement rétréci en pointe mousse au sommet. *Yeux* grands; transversaux; peu saillants; pâles sur leurs bords, brunâtres sur leur milieu. *Ocelles* non apparents.

Antennes très-pâles, avec leur *soie* graduellement épaissie à la base et un peu obscurcie au sommet.

Prothorax à peine transversal, un peu plus large que long; arrondi au sommet et légèrement sinueux au milieu de sa base; brillant; blanchâtre, avec quelques fines rides transversales en arrière.

Ecusson triangulaire; très-pâle, avec une impression sulciforme transverse après son milieu.

Homélytres allongées, sublinéaires; de la largeur du prothorax à leur base, graduellement rétrécies vers leur sommet, où elles ne sont pas bordées et présentent quatre cellules apicales : une marginale, subtriangulaire, et trois autres allongées subparallèles; près de quatre fois plus longues que la tête et le prothorax réunis; entièrement blanches et diaphanes. Les nervures sont oblitérées sur la clef, et au nombre de trois sur le disque, seulement visibles en arrière. *Ailes* blanchâtres, diaphanes; non bordées, avec deux cellules apicales.

Abdomen pâle en dessus. *Dessous du corps* très-pâle. *Anus* noirâtre.

Pieds allongés; blanchâtres, très-pâles, avec les ongles obscurs. Tibias antérieurs et intermédiaires presque mutiques : les postérieurs fortement épineux.

Patrie : environs d'Avignon, île de la Barthelasse. Mai, juin. Assez commun sur le peuplier blanc.

Obs. Cette espèce diffère de la *Typhlocyba flavescens,* Fabr.

par sa couleur beaucoup plus pâle, et surtout par ses ailes non bordées et terminées par deux cellules.

Typhlocyba punctulum.

Elongato-sublinearis, posticè attenuata, capite obtusè trigono; subnitida; paleaceo-albida : verticis puncto apicali minuto, scutelli basi punctis duobus minutissimis, sanguineis; abdomine suprà segmentorum apice nigro.

Long. 0,0035 mill. (1 1/2 l.).

Corps allongé; assez brillant; sublinéaire.

Tête fortement échancrée en arrière; prolongée en avant en triangle obtus, arrondi; d'une couleur pâle tirant sur le jaune-paille, avec un petit point rouge au sommet du *vertex* : celui-ci convexe; finement et brièvement canaliculé à la base. *Front* convexe; allongé; rétréci au sommet. *Joues* faiblement arrondies sur les côtés. *Plaques génales* allongées, elliptiques. *Chaperon* oblong; arrondi au sommet. *Yeux* grands; transversaux; peu saillants; pâles sur leurs bords, brunâtres sur leur milieu. *Ocelles* non apparents.

Antennes pâles, avec leur *soie* graduellement épaissie à la base.

Prothorax à peine transversal, un peu plus large que long; arrondi au sommet et légèrement sinueux au milieu de sa base; assez brillant; d'un jaune paille très-pâle, avec de fines rides transversales en arrière.

Ecusson triangulaire; pâle; assez brillant, avec une impression sulciforme transverse après son milieu, et paré à la base de deux petits traits rouges situés aux angles latéraux.

Homélytres allongées, sublinéaires; de la largeur du prothorax à leur base, graduellement rétrécies vers leur sommet, où elles ne sont pas bordées et présentent quatre cellules apicales : une marginale, subtriangulaire, et trois autres allongées, subparal

lèles ; près de quatre fois plus longues que la tête et le prothorax réunis ; entièrement pâles et diaphanes ; les nervures
plus ou moins oblitérées seulement visibles en arrière. *Ailes*
pâles, irisées, diaphanes ; non bordées, avec deux cellules apicales.

Abdomen pâle, avec les segments noirs à leur bord apical.
Dessous du corps pâle, avec l'anus et deux taches sur la poitrine, noirs.

Pieds allongés ; pâles. *Ongles* obscurs. Tibias antérieurs et
intermédiaires faiblement, les postérieurs fortement épineux.

Patrie : Avignon, île de la Barthelasse. Assez rare.

Obs. Cette espèce ne diffère de la précédente que par sa
couleur un peu moins blanche, tirant plus sur le jaune, par
le point rouge du vertex et ceux de l'écusson, et surtout par
les segments abdominaux qui sont bordés de noir à l'extrémité.

DESCRIPTION

D'UNE

ESPÈCE NOUVELLE DE LUCANIDE

PAR

MM. E. MULSANT et GODART,

Présentée à la Société Linnéenne de Lyon, le 10 juillet 1854.

Lucanus Fabiani.

Noir : élytres d'un noir châtain. Massue des antennes ordinairement de cinq articles. Jambes postérieures ordinairement armées de deux épines. Partie bifurquée de la soie de la plantule égale au moins au trois quarts de sa partie basilaire.

♂. *Mandibules* plus longues que la tête, arquées, terminées en pointe ; armées de deux dents au côté interne : l'une un peu après la moitié : l'autre vers les deux tiers de la longueur. *Épistome* en parallélipipède transversal ; pas plus déclive à peu près que la partie qui le suit. *Tête* presque en carré transversal.

♀. *Mandibules* plus courtes que la tête ; armées vers le milieu de la partie supérieure de leur côté interne, d'une dent assez obtuse, assez saillante, offrant vers le milieu de la partie inférieure du même côté les traces assez faibles d'une dent très-émoussée. *Épistome* transversal ; ordinairement échancré en arc à son bord antérieur. *Tête* rugueusement ponctuée.

Long. 0,0292 à 0,337 (13 à 15 l.) depuis la partie postérieure des élytres jusqu'à la partie antérieure de l'épistome. — Mandibules du ♂ environ 0,0067 (3 l.).

♂. *Épistome* en parallélipipède transversal, trois fois environ aussi large qu'il est long ; relevé sur le milieu de son bord antérieur en une sorte de petit tubercule ou de dent rudimentaire plus ou moins prononcée ; offrant à peu près la même déclivité que le postépistome ; d'un noir châtain. *Tête* de même couleur ; transverse ; bissinuée à son bord antérieur,

c'est-à dire sinuée entre le postépistome et les angles de devant ;
obliquement tronquée à ceux-ci ; sans rebord sur les côtés,
après les yeux , ainsi qu'à sa partie postérieure ; presque plane ;
densement et ruguleusement ponctuée ; souvent marquée de
deux points enfoncés ou d'une impression transverse, occupant
le quart médiaire de la largeur, vers les deux cinquièmes de la
longueur. *Mandibules* châtaines ; ordinairement d'un tiers plus
longues que la tête ; arquées ; terminées en pointe, armées de
deux dents à leur côté interne : l'une vers les deux tiers de la
longueur : l'autre, plus rapprochée de la moitié. *Palpes* et *an-*
tennes d'un noir châtain ou d'un châtain noirâtre : massue de
ces dernières d'un châtain grisâtre, ordinairement de cinq
dents ou feuillets. *Prothorax* à peine plus large en devant que
la tête à son bord postérieur ; un peu moins large que celle-ci
vers les yeux ; bissinué et cilié de jaune à son bord antérieur ;
à angles antérieurs saillants; élargi en ligne presque droite ou
légèrement subsinuée jusqu'aux quatre septièmes de ses côtés,
une fois plus large dans ce point qu'il est long sur son milieu,
plus fortement rétréci ensuite jusqu'aux angles postérieurs, en
formant près de ceux-ci une légère sinuosité, qui les fait paraître
légèrement dentés ; un peu replié en dessous vers le point le
plus large de ses côtés ; muni latéralement d'un rebord moins
faible ou plus sensiblement relevé aux angles antérieurs et postérieurs ; presque en ligne droite à la base ; muni à celle-ci d'un
rebord ; faiblement convexe en dessus ; moins densement
ponctué que la tête ; offrant longitudinalement sur la ligne
médiane une trace lisse ou un sillon très-léger ; souvent noté,
de chaque côté de cette ligne, d'un ou de deux points enfoncés :
le premier, aux deux cinquièmes de la longueur et vers chaque
tiers externe de la longueur : le second, à la moitié ou un peu
après et vers le sixième externe de la largeur ; d'un noir châtain;
glabre comme la tête. *Ecusson* en ogive ; châtain ; ponctué et
voilé à la base par des cils jaunes, lisse ou à peine ponctué

postérieurement ; offrant souvent vers son extrémité les traces plus ou moins distinctes d'une légère carène longitudinale. *Elytres* d'un sixième plus larges en devant que le prothorax à ses angles postérieurs ; un peu moins larges que lui dans son diamètre transversal le plus grand ; près de trois fois aussi longues que lui ; en ligne droite à la base ; à angle vif aux épaules ; un peu repliées en dessous à celles-ci ; presque parallèles ou peu élargies jusqu'aux trois cinquièmes ou un peu plus, subarrondies postérieurement ; munies latéralement d'un rebord graduellement élargi et aplani depuis les épaules où il est très-étroit et invisible en dessus, jusqu'à l'angle sutural ; faiblement convexes ; d'un châtain marron ; glabres ; munies d'une sorte de rebord sutural qui s'unit au précédent : ce rebord sutural à peine saillant, ordinairement distinct jusqu'à l'écusson, et borné par une strie ponctuée légère ; marquées de points assez petits ; notées d'une fossette humérale peu prononcée ; chargées longitudinalement après celle-ci d'une nervure à peine distincte. *Dessous du corps* d'un noir châtain ; garni de poils cendrés courts et peu épais ; rugueusement ponctué sur le menton, marqué de points plus petits sur la poitrine et surtout sur le ventre. *Prosternum* un peu comprimé en carène après les hanches et légèrement relevé en dent au commencement de cette carène. *Pieds* d'un châtain ou d'un noir châtain ; allongés ; grêles : cuisses et jambes de devant plus longues que les suivantes : les jambes antérieures bidentées à leur extrémité externe et garnies sur le reste de leur bord externe de quelques dents souvent émoussées : jambes intermédiaires et postérieures armées ordinairement sur l'arête externe : celles-là, de trois : celles-ci parfois seulement de deux épines, mi-couchées. *Plantule* obtusément arrondie ; saillante au delà de la base des ongles. *Soie* d'un brun châtain, bifide et d'un testacé livide à son extrémité : cette partie bifide de trois quarts aussi longue que la basilaire.

♀. *Epistome* en parallélipipède transverse ; ordinairement un peu échancré en arc à son bord antérieur ; moins penché que la partie antérieure de la tête ; rugueusement ponctué avec une trace un peu lisse sur son milieu. *Tête* plus étroite, même vers les yeux, que le prothorax à son bord antérieur ; élargie en ligne courbe depuis la base des mandibules jusqu'aux organes de la vision ; rugueusement ponctuée ; sans traces de dépression. *Mandibules* notablement plus courtes que la tête ; arquées ; terminées en pointe obtuse ; armées d'une dent assez saillante après le milieu de la partie supérieure de leur côté interne, offrant à la partie inférieure du même côté les traces plus ou moins faibles d'une dent émoussée. *Cuisses* plus fortes : jambes de devant sensiblement élargies depuis la base jusqu'à leur extrémité.

Cette espèce se trouve dans les environs de Lyon et dans diverses autres partie de la France.

Nous l'avons dédiée à M. Fabien Foudras, jeune entomologiste qui promet à la science un second savant du même nom.

Obs. Le ♂ est très-distinct de ceux du *L. cervus* et de l'*Hexaphyllus Pontbrianti*, par son épistome formant un parallélipipède transversal, et non un triangle ou une ogive, et à peu près de la même déclivité que la partie de la tête qui le suit. Dans le *L. cervus* l'épistome est en triangle rebordé. Ce triangle varie de forme suivant le développement des individus. Chez ceux de grande taille, il est allongé, à angle vif à son extrémité, à côtés presque droits ; chez les individus de taille plus ou moins petite, il perd de sa longueur proportionnelle, s'émousse plus ou moins au sommet et montre ses côtés sensiblement curvilignes ; mais même chez les plus petits avortons de ce Lucane, il n'offre jamais la forme transversale, ni le bord antérieur tronqué qu'il a chez le *L. Fabiani.* Ce dernier s'éloigne encore du *L. cervus* par la longueur plus grande de la partie bifurquée de la soie de la plantule. Enfin la forme des mandibules du ♂ sert encore de moyen de séparation de ces deux espèces. Celles du *L. Fabiani* sont terminées en pointe et n'offrent que deux dents assez voisines, à leur côté interne, vers le point que nous avons indiqué. L'espèce nouvelle que nous décrivons se rapproche de l'*H. Pontbrianti* par ses mandibules; mais celles de ce dernier n'ont qu'une dent vers le milieu de leur côté interne, et se relèvent davantage à leur extrémité. D'ailleurs, l'épistome de l'*Hexaphyllus* est en ogive ou en triangle à côtés curvilignes, et plus déclive que la partie qui le suit, et chargé d'une carène longitudinale à peine indiquée.

Erichson ([1]), MM. Burmeister ([2]), Schaum ([3]) et Reiche ([4]) ont évidemment fait erreur en donnant pour synonymes de l'*Hexaphyllus Pontbrianti* les *L. barbarossa*, FABR. ou *tetraodon*, THUNB.

L'un de nous a reçu du département du Var, de feu Doublier, un individu ayant quatre feuillets au lieu de cinq à la massue des antennes, qui se rattache visiblement à cette espèce.

Nous avons décrit le ♂, tels que se sont offerts à nous les individus que nous avions sous les yeux; il serait possible peut-être d'en trouver d'autres présentant quelques variations, principalement dans la configuration de la tête.

Par le nombre des feuillets des antennes, cette espèce se rapproche beaucoup de celle indiquée par M. Reiche ([5]) sous le nom de *pentaphyllus*; peut-être même lui est-elle identique; mais dans ce cas le nom spécifique proposé par le savant entomologiste de Paris, lui serait peu applicable, puisque la massue des antennes est parfois réduite à quatre feuillets.

([1]) Archiv. f. Naturg. 9ᵉ année (1843), t. 2, p. 199. — Id. Bericht, w d. Jarh. 1842 (tiré à part) *Berlin*, 1844, p. 55.

([2]) Handb. d. Entom. t. 5. (1847), p. 549.

([3]) Entomologische Zeitung. Stettin, 1849, p. 107.

([4]) Annales de la Soc. Entomol. de Fr. t. 11 (1853) ρ. 69.

([5]) Annales de la Soc. Entomol. de Fr. t. 11, p. 71.

DESCRIPTION

D'UNE

ESPÈCE NOUVELLE DU GENRE MYCÉTOCHARE

(COLÉOPTÈRE DE LA TRIBU DES PECTINIPÈDES),

PAR

Etienne MULSANT et Victor MULSANT,

(Présentée à la Société Linnéenne de Lyon, le 12 mars 1855).

Mycetochares fasciata.

Corps allongé ; noir ou noir brun ; hérissé en dessus de poils mi-couchés d'un fauve livide : joues, épistome, bouche et pieds d'un roux testacé. Prothorax noté d'une fossette obliquement transverse au devant de chaque quart externe de la base. Elytres une fois plus longues que larges dans leur milieu ; ruguleusement ponctuées ; presque sans stries ; ornées chacune d'une tache et d'une bande d'un roux testacé ; la tache, humérale, obliquement ovalaire, prolongée jusqu'au quart : la bande, substransversale, presque des deux tiers aux quatre cinquièmes de leur longueur. Hanches de devant séparées par un prosternum comprimé.

♂. *Corps* allongé ; presque parallèle. *Prothorax* presque parallèle dans sa seconde moitié. *Elytres* une fois au moins plus longues qu'elles sont larges dans leur milieu ; subparallèles jusqu'aux deux tiers.

♀ inconnue.

Long. 0,0 56 (2 1/2 l.). Larg. 0,0022 (1 l.) ♂.

♂. *Corps* suballongé ; peu convexe ; ordinairement noir ou d'un noir brun et garni en dessus de poils d'un fauve livide, clair-semés et mi-couchés. *Tete* marquée de points peu rapprochés sur le front, plus serrés sur l'épistome ; hérissée de poils cendrés ; creusée d'un sillon profond sur la suture frontale ; noire, avec les joues, l'épistome, le labre et les autres parties de la bouche, d'un roux testacé. *Antennes* nébuleuses ou d'un brun roussâtre ; à troisième article à peu près égal au quatrième. *Prothorax* déclive aux angles de devant et élargi jusqu'à la moitié de ses côtés, subparallèle ensuite ; paraissant presque semi-orbiculaire ; à angles postérieurs rectangulairement ouverts et assez vifs ; faiblement en arc bissinué et dirigé en arrière, à la base, avec les angles moins prolongés en arrière que la partie médiaire ; de deux tiers plus large à la base qu'il est long sur son milieu ; peu convexe ; sans rebords ; marqué, comme le front, de points peu épais, donnant chacun naissance à un poil d'un fauve livide ; ordinairement noir ou brun, parfois moins obscur surtout près des bords ; marqué au devant de chaque sinuosité basilaire, d'une fossette un peu obliquement transverse ; offrant parfois une légère dépression vers l'extrémité de la ligne médiane. *Ecusson* en triangle obtus à l'extrémité ; brun ; ponctué et garni de poils d'un fauve livide. *Elytres* presque parallèles jusqu'aux deux tiers, rétrécies ensuite en ligne presque droite, et obtuses chacune à l'extrémité ; trois fois et demie plus longues que le prothorax ; plus d'une fois plus longues qu'elles sont larges prises ensemble dans leur milieu ; peu convexes ; ruguleusement ponctuées et garnies de poils mi-couchés d'un fauve livide ; à fossette humérale assez marquée ; presque sans stries en n'offrant que près de la suture les traces de deux ou trois stries ; noires ou brunes, ornées chacune d'une tache et d'une bande transversale, d'un flave roussâtre : la tache, un peu obliquement ovale, couvrant presque depuis l'épaule jusqu'au quart de la longueur, et depuis le côté externe jusqu'au tiers interne de la largeur vers sa moitié, en se rétrécissant d'arrière en avant à partir de ce point : la bande, prolongée depuis le bord externe, à peu près jusqu'à la suture, d'une longueur presque uniforme, couvrant presque depuis les deux tiers jusqu'aux quatre cinquièmes environ de leur longueur. *Dessous du corps* noir, brun ou brun roussâtre ; peu pubescent. *Hanches antérieures* visiblement séparées par un prosternum ordinairement d'un roux flave, comprimé par les hanches et réduit entre elles à une sorte de tranche. *Pieds* d'un roux pâle ou d'un roux testacé.

Cette espèce a été prise à Faillefeu (Basses-Alpes).

Obs. La teinte de quelques-unes des parties du corps offre quelques variations, suivant le développement de la matière colorante. Les individus que nous avons eus sous les yeux n'étaient pas d'un noir bien foncé.

DESCRIPTION DE LA LARVE

DE

L'HESPEROPHANES NEBULOSUS OLIVIER ,

(COLÉOPTÈRE DE LA TRIBU DES LONGICORNES) ,

PAR

Etienne MULSANT et Victor MULSANT.

Présentée à la Société Linnéenne de Lyon , le 9 juillet 1853.

Larve hexapode ; allongée ; presque tétragone ; un peu rétrécie d'avant en arrière. *Tête* presque entièrement engagée dans le prothorax. *Front* livide, avec sa partie antérieure brune ou d'un brun rougeâtre. *Epistome* transverse ; peu saillant ; livide. *Labre* semi–orbiculaire ; submembraneux ; livide. *Mandibules* courtes ; arquées ; fortes ; larges, d'un rouge brunâtre et sub-cornées à la base, cornées, noires et tronquées à l'extrémité ; creusées d'un sillon transverse sur une partie de leur côté externe. *Mâchoires* submembraneuses ; livides ; à un lobe presque arrondi à son extrémité, garni de poils très-courts à sa partie antéro-interne. *Palpes maxillaires* à peine plus prolongés en avant que les mâchoires ; de quatre articles : le basilaire plus large, livide : les suivants, graduellement rétrécis en forme de cône, rétractiles en partie ; d'un rouge testacé livide. *Menton et languette* submembraneux ; livides ; presque en parallélipipède transverse. *Palpes labiaux* coniques ; de deux articles apparents. *Antennes* insérées à la base des mandibules ; moins longuement prolongées en avant que celles-ci dans l'état de repos ; coniques ; de quatre articles en partie rétractiles : le premier, membraneux, d'un blanc livide, translucide, subcylindrique : les suivants graduellement plus étroits, garnis de quelques poils : le dernier grêle, plus court. *Yeux* nuls ou paraissant représentés par deux très-petits points obscurs, situés transversalement derrière les antennes. *Corps* presque tétragone ; paraissant composé de treize segments ; un peu rétréci d'avant en arrière du premier au cinquième anneau : presque d'égale grosseur et noueux du sixième au dixième ; d'un blanc de cire ; presque glabre, garni de poils roussâtres assez clair-semés. *Prothorax* transverse ; une fois plus large qu'il est long ; au moins aussi long que les deux suivants réunis ; médiocrement convexe ; rayé d'une ligne longitudinale médiaire ; offrant de chaque côté une sorte de plaque suborbiculaire et lisse ; ponctué sur la moitié antérieure de sa largeur, entre cette plaque et la ligne médiane, légèrement ridé sur la postérieure ; transversalement ridé vers les quatre cinquièmes de sa longueur, de manière à former un repli ou espèce de demi-arceau supplémentaire : anneaux quatrième à dixième bimamelonnés sur le dos : les sixième à dixième, faisant plus sensiblement saillir de chaque côté de la ligne médiane un mamelon court, obtus, rétractile : les onzième et douzième, convexes, sans mamelons, pourvus latéralement d'une tranche un peu rétractile : le dernier, obtus à l'extrémité. *Anus* presque en forme d'Y. *Dessous du corps* pourvu, sur les anneaux sixième à dixième, de deux mamelons rétractiles analogues à ceux du dessus. *Pieds* disposés par paire sous chacun des trois premiers segments ; très-courts ; coniques ; peu apparents ; d'un roux pâle ; composés de trois pièces garnies de quelques poils, et terminés par un ongle grêle, presque droit. *Stigmates* au nombre de neuf paires : la première, située près du bord antérieur du deuxième segment, dans la direction longitudinale des mandibules, c'est-à-dire sur la ligne longitudinale qui serait intermédiaire entre les pieds et les autres stigmates : ceux-ci disposés vers la moitié des côtés du corps sur les quatrième à onzième anneaux.

Long. 0,0202 à 0,0247 (9 à 11 l.).

Cette larve vit dans le figuier ; elle se creuse ordinairement une retraite dans l'intérieur de l'écorce, en laissant intactes les parties internes et externes de celle-ci. Elle s'y transforme en nymphe vers le milieu de juin, et dix jours après, paraît l'insecte parfait.

DESCRIPTION

DE

QUELQUES ESPÈCES DE COLÉOPTÈRES

NOUVEAUX OU PEU CONNUS,

par

E. MULSANT et GODART.

Présentée à la Société Linnéenne de Lyon, le 9 juillet 1855.

Harpalus seriatus.

Oblong ; peu convexe ; antennes et palpes d'un fauve testacé. Tête et prothorax d'un noir légèrement violâtre : celui-ci densement ponctué à sa base, déprimé vers chaque quart externe de celle-ci ; rayé d'une ligne longitudinalement médiaire. Elytres bissubsinuées postérieurement et terminées par une petite dent à l'angle sutural ; d'un brun verdâtre ; à stries linéaires, imponctuées. Intervalles à peine convexes ; marqués, près des stries, d'une rangée longitudinale de petits points. Dessous du corps noir. Cuisses brunes. Jambes et tarses d'un brun rouge.

Long. 0,0125 (5 1/2 l.) — Larg. 0,0048 (2 1/8 l.).

Corps oblong ; peu convexe. *Tête* noire ou d'un noir légèrement violâtre ou verdâtre ; chargée, derrière les yeux, d'un long poil hérissé ; imponctuée ou à peine marquée de quelques très-petits points ; creusée, de chaque côté, d'une fossette un peu ridée ou d'un sillon très-court lié à la suture frontale près des

11

côtés de l'épistome : celui-ci, garni de rides longitudinales dans
la direction de la fossette précitée. *Labre* lisse ; garni en devant
de quelques poils. *Mandibules* concaves sur leur côté externe ;
noires. *Palpes* d'un fauve testacé *Antennes* de même couleur ;
plus sensiblement pubescentes sur les cinq ou six derniers articles. *Prothorax* faiblement échancré en arc, en avant ; élargi en
ligne courbe jusqu'aux deux cinquièmes de ses côtés, rétréci
ensuite en ligne presque droite ; subarrondi aux angles de devant,
émoussé aux postérieurs ; à peine plus large à ceux-ci qu'aux antérieurs ; tronqué à la base ; de moitié environ plus large à celle-ci
qu'il est long sur son milieu ; muni à la base et sur les côtés
d'un rebord étroit : ce rebord relevé latéralement en gouttière
étroite ; très médiocrement convexe ; creusé d'une assez faible
dépression longitudinale, naissant vers chaque quart externe de
la base, et avancée jusqu'au tiers postérieur ; marqué sur les
gouttières latérales, et surtout au devant du rebord basilaire, de
points serrés, ruguleux et assez petits : ces points atteignant à
peine le cinquième postérieur sur la ligne médiane, avancés jusqu'au tiers postérieur sur chaque dépression ; noté, après le
bord antérieur, d'une ligne transversale en arc dirigé en arrière ;
rayé d'une ligne longitudinale médiaire, postérieurement confondue avec la ponctuation basilaire, non avancée en devant jusqu'au bord antérieur ; lisse sur le reste de sa surface ; d'un noir
légèrement violâtre, avec le bord latéral à transparence rougeâtre
ou d'un rouge brunâtre. *Écusson* triangulaire ; lisse ; d'un noir
légèrement verdâtre. *Élytres* à peine plus larges en devant que
le prothorax à ses angles postérieurs ; deux fois et quart environ
aussi longues que lui ; faiblement et graduellement plus larges
dans leur milieu ; obliquement et bissubsinueusement coupées
des quatre cinquièmes de leur longueur à l'angle sutural ; terminées par une petite dent à ce dernier ; rebordées latéralement ;
offrant à la base le repli prolongé jusqu'à l'écusson ; peu convexes ; à neuf stries linéaires, étroites, imponctuées : les cin-

quième et sixième ordinairement unies postérieurement; offran.
en outre une strie juxta-suturale rudimentaire, habituellement
liée postérieurement à la première; d'un brun verdâtre, avec
les côtés d'un brun violâtre, et la partie postérieure d'une transparence rougeâtre. *Intervalles* à peine convexes ou très obtusément tectiformes : le premier, à peu près lisse : les deuxième à
huitième, marqués chacun, près des stries, d'une rangée de
petits points : ceux-ci peu nombreux sur le troisième et surtout
sur le deuxième intervalle, assez serrés et moins régulièrement
disposés sur les autres : le neuvième, marqué surtout sur la dernière moitié, d'une série de gros points. *Repli* fauve ou d'un rouge
fauve. *Dessous du corps* noir ; presque lisse. *Prosternum* obtusément arrondi postérieurement ; assez large entre les hanches ;
sillonné de chaque côté près de celles-ci. *Pieds* bruns ou d'un
brun rougeâtre sur les cuisses, d'un brun rouge ou d'un rouge
brun sur les jambes et les tarses : trochanters postérieurs dépassant la moitié de la longueur des cuisses : jambes de devant
garnies au côté externe d'une rangée de petites épines, inermes
du côté interne : jambes intermédiaires et postérieures armées
d'une double rangée d'épines au côté externe, et d'une rangée
de poils raides ou spiniformes à l'interne : tarses épineux en
dessous.

Cette espèce a été découverte en Crimée par M. le lieutenant-
général Ch. Levaillant.

Staphylinus Ludovicae.

Allongé ; d'un noir brun; peu garni de poils obscurs : antennes d'un
rouge brun ; à dernier article échancré. Pieds d'un rouge brun ou
brunâtre.

Long. 0,0135 (6 l.) Larg, 0,0022 (1 l.)

Tête environ aussi large qu'elle est longue depuis sa partie
postérieure jusqu'au bord antérieur du labre ; tronquée à sa partie

postérieure; parallèle sur les côtés jusqu'à la partie antérieure des yeux ; peu convexe; d'un noir brun ; peu finement et assez densement ponctuée ; garnie de poils fins, obscurs, presque couchés, peu apparents ; hérissée de quelques longs poils noirâtres, sur les côtés, en devant et au côté interne des yeux ; offrant une trace lisse et un peu saillante, naissant du milieu du bord postérieur et longitudinalement avancée jusqu'aux deux tiers antérieurs. *Antennes* à peine prolongées jusqu'au tiers des côtés du prothorax; d'un rouge brun ; garnies de poils peu épais ; à premier article à peu près aussi long que les deux suivants réunis: le troisième, faiblement plus large que le deuxième : les cinquième à neuvième graduellement un peu plus courts : les quatrième à huitième presque cylindriques, grossissant à peine vers l'extrémité, liés au précédent par un court pédicule : le onzième, échancré à son extrémité, terminé en pointe au côté externe. *Mandibules* et *palpes* noirs; les premières, sillonnées longitudinalement au côté externe. *Prothorax* séparé de la tête par une sorte de cou ou de pièce en ovale transverse, une fois au moins plus large qu'elle est longue sur son milieu, de moitié plus étroite que la tête. *Prothorax* plus étroit que la tête ; un peu arqué en devant à son bord antérieur, avec les angles émoussés; presque parallèle ou à peine rétréci d'avant en arrière sur les côtés ; obtusément arrondi ou arqué en arrière à son bord postérieur, avec les angles postérieurs subarrondis ; d'un cinquième plus long sur son milieu qu'il est large aux angles de devant; muni latéralement d'un rebord replié en dessous, depuis les angles de devant jusqu'au tiers au moins de sa longueur ; peu convexe; d'un noir brun ; marqué de points presque aussi gros que ceux de la tête : garni de poils obscurs, couchés, fins, peu épais, peu apparents ; hérissé sur les côtés de quelques longs poils. *Elytres* à peu près de la largeur du prothorax; d'un cinquième moins longues que lui; un peu voilées à leur base par ce segment; coupées en angle rentrant très-ouvert à leur

bord postérieur; munies latéralement d'un rebord invisible en
dessus ; d'un noir brun; plus finement ponctuées que le prothorax,
et garnies de poils semblables mais plus nombreux. *Abdomen* d'un
noir brun ; ruguleux ou subsquammuleux ; presque glabre sur le
dos des premiers arceaux au moins, garni sur les côtés de ceux-ci
et surtout sur ceux des postérieurs de poils fins, couchés, obscurs,
peu épais. *Dessous du corps* d'un noir brun ou d'un brun noir ;
ponctué, ruguleux : garni de poils obscurs, fins et couchés , peu
épais. *Pieds* entièrement d'un roux brun ou brunâtre. Jambes
droites; garnies de poils d'un roux testacé : les antérieures inermes ; les postérieures, et surtout les intermédiaires, garnies de
poils spinosules.

♂ Sixième arceau ventral échancré. Quatre premiers articles
des tarses antérieurs dilatés.

Patrie : la Crimée. Découverte par M. le lieutenant-général
Ch. Levaillant.

Nous avons consacré cette espèce à rappeler le souvenir de
madame Louise d'Aumont, enlevée au printemps de ses jours, à
l'entomologie qu'elle cultivait avec un remarquable talent.

Obs. Le *St. Ludovicae* doit entrer dans la neuvième division de ce genre, suivant l'ouvrage d'Erichson.

Agriotes monachus.

*Suballongé, garni de poils d'un fauve livide, couchés, assez fins,
plus apparents sur les élytres que sur la tête et sur le prothorax. Tête
brune, plus grossièrement ponctuée. Prothorax d'un brun noir ; ponctué;
offrant les traces d'une ligne longitudinale médiaire ; échancré au-devant de l'ecusson ; lobé de chaque côté de cette échancrure ; à quatre entailles à son bord postérieur. Elytres d'un brun rougeâtre ; à stries
linéaires ; marquées de points ne les débordant pas. Intervalles finemen
ponctués, ruguleux transversalement à certain jour. Dessous du corps
et pieds, garnis de poils, et d'un brun rouge plus foncé sur l'antépectus.*

Long. 0,0112 (5 l.) — Larg. 0.0033 (1 l.)

Corps allongé ou suballongé. *Tête* presque semi-orbiculaire, une fois environ plus large à sa partie postérieure qu'elle est longue sur son milieu; brune; médiocrement convexe; marquée de points ronds, uniformément séparés par un espace étroit, presque réticuleux : ces points donnant chacun naissance à un poil fauve ou fauve livide, assez fin. *Épistome* tronqué ou faiblement échancré en arc, en devant. *Labre* ponctué et garni de poils d'un fauve livide. *Mandibules* noires. *Palpes* d'un rouge testacé brunâtre. *Yeux* noirs; brillants; entiers, peu saillants sur les côtés de la tête. *Antennes* insérées sous le rebord latéral des joues, au-devant des yeux; à peine plus longuement prolongées que les angles postérieurs du prothorax; d'un roux brunâtre; peu garnies de poils; à premier article renflé, un peu arqué à son côté interne : les deuxième et troisième presque égaux (le troisième un peu moins court que le deuxième), plus courts et plus étroits que le quatrième : les quatrième à onzième graduellement rétrécis : les quatrième à dixième subcomprimés, obtriangulaires. *Prothorax* tronqué ou presque bissubsinué en devant, avec les angles antérieurs un peu plus avancés; élargi d'avant en arrière sur les côtés, un peu en ligne courbe jusqu'aux deux cinquièmes et d'une manière subsinuée entre la moitié et les angles postérieurs; assez longuement prolongé en arrière à ceux-ci; échancré au devant de l'écusson, et muni d'un petit lobe de chaque côté de cette échancrure, échancré en arc ou presque en demi-cercle entre chacun de ces lobes et les angles postérieurs; marqué de quatre petites entailles à son bord postérieur : une, au côté externe de chaque lobe, qu'elle contribue à rendre plus visible en le détachant davantage du corps du segment : une autre, près de chaque angle extérieur, vers le huitième externe de la largeur; à peine plus long qu'il est large à ses angles postérieurs; sans rebord;

médiocrement convexe; longitudinalement arqué ; creusé d'une
dépression ou d'un sillon presque triangulairement élargi d'avant
en arrière, au côté interne des angles postérieurs ; légèrement caréné sur ces angles; offrant de légères traces d'une ligne
longitudinalement médiaire; d'un brun noir; marqué de points
moins gros que ceux de la tête donnant chacun naissance à un
poil fauve livide, presque couché, garni par conséquent de poils
plus nombreux qu'à la tête. *Ecusson* presque parallèle dans
sa première moitié, en ogive subarrondie dans la seconde ; près
de moitié plus long sur son milieu qu'il est large à sa base ;
finement ponctué et garni de poils d'un fauve livide. *Elytres*, en devant, de la largeur à peu près du prothorax à ses angles postérieurs,
embrassées aux épaules par ces angles ; subgraduellement rétrécies jusqu'aux trois cinquièmes de leur longueur, et plus sensiblement ensuite de ce point à l'extrémité ; sinueuses sur les
côtés, vers les hanches postérieures ; munies d'un rebord latéral ;
très-médiocrement convexes sur le dos, convexement déclives
sur les côtés ; d'un brun rougeâtre ; à dix stries linéaires, marquées de points ne les débordant pas et plus petits ou moins
distincts sur les deux premières, surtout en devant, que sur les
autres : les troisième et quatrième, ordinairement unies vers les
quatre cinquièmes ou cinq sixièmes, et postérieurement conti-
nuées par l'une des deux seulement : les septième et huitième
pareillement unies, mais plus postérieurement : les sixième et
septième un peu raccourcies en devant; offrant une dixième
strie près du bord marginal, depuis les épaules jusque vers les
hanches postérieures. *Intervalles* plans ou à peu près ; marqués
de petits points, semblables à certain jour à des piqûres produi-
tes par la pointe d'un canif, offrant à un autre jour des rugulosités transversales : ces points donnant chacun naissance à un poil
assez fin, couché, d'un fauve livide, faisant à certain jour parai-
tre les élytres d'un brun fauve. *Dessous du corps* d'un brun
rouge testacé sur l'antépectus, d'un rouge testacé brunâtre sur

les autres parties pectorales, et un peu plus clair sur le ventre ; garni de poils couchés d'un fauve livide ; marqué sur l'antépectus de points ronds assez grossiers, finement ponctué sur
les autres parties pectorales et surtout sur le ventre. *Prosternum* plat entre les hanches, subcomprimé postérieurement ; *cavité
mésosternale* rebordée, tronquée ou plutôt échancrée postérieurement. *Pieds* d'un rouge testacé ou d'un rouge testacé brunâtre ;
garnis de poils comme le ventre. *Tarses* un peu rétrécis d'avant
en arrière; sans sole membraneuse sous aucun des articles. *Ongles* simples.

PATRIE : la Crimée. Découverte par M. le lieutenant-général
Ch. Levaillant.

Malachius stolatus.

*Oblong ou suballongé. Tête d'un vert bleuâtre sur la moitié posté-
rieure, flave ou d'un flave roussâtre sur l'antérieure; notée d'une fossette ponctiforme sur le milieu du front. Prothorax d'un vert bleuâtre,
avec les angles antérieurs d'un flave roussâtre ; relevé sur la deuxième
moitié de ses bords latéraux et creusé d'un sillon au côté interne de cette
partie. Elytres d'un roux testacé livide, ornées d'une bande suturale
verdâtre, commune, couvrant la base et prolongée en se rétrécissant
jusqu'aux trois quarts ou un peu plus de leur longueur. Dessous du corps
et pieds d'un vert bleuâtre, hérissés de poils cendrés.*

♂ Épistome chargé d'une saillie tranverse, trilobée. Antennes
offrant les deuxième, troisième et quatrième articles prolongés en
dessous : le deuxième en triangle avancé sous l'article suivant :
le troisième en forme de lobe, coupé en ligne droite à son bord
postérieur, en arc de cercle à son bord antérieur : le quatrième
en forme de bec arqué.

♀ Inconnue.

Long. 0,0087 (5 l.) — Larg. 0,0022 (1 l.)

Corps oblong ou suballongé ; presque parallèle ; peu convexe.
Tête d'un vert bleu ou d'un bleu vert métallique, et hérissée de

poils obscurs et peu épais, depuis la base des antennes jusqu'à
sa partie postérieure, flave ou d'un flave roussâtre sur sa partie
antérieure ; creusée d'une fossette ponctiforme sur le milieu du
front ; chargée sur l'épistome d'une saillie transversale trilobée :
le lobe médiaire triangulaire, crénelé, orné sur sa tranche de
poils d'un flave roussâtre, frisés, parfois usés. *Mandibules* d'un
flave roussâtre, avec l'extrémité d'un vert noirâtre et bidentée.
Palpes maxillaires d'un vert noirâtre ou obscur. *Mâchoires*
d'un flave roussâtre. *Antennes* prolongées jusqu'aux trois cinquièmes environ de la longueur du corps ; d'un vert noirâtre,
avec la partie inférieure des quatre premiers articles flave ou
d'un flave roussâtre : le premier de ceux-ci, obconique : le
deuxième, comprimé, inférieurement prolongé en triangle dont
l'angle antéro-inférieur s'avance sous le troisième : celui-ci,
comprimé, moins prolongé en dessous, en forme de lobe coupé
en ligne droite à sa partie postérieure et en quart de cercle à
sa partie antérieure : le quatrième, prolongé en dessous en
forme de bec arqué : les suivants graduellement rétrécis, sim-
plement dentés à leur côté inférieur. *Prothorax* arqué ou un
peu anguleusement avancé en devant ; obtusément et assez faiblement arqué en arrière à la base ; presque parallèle sur les
côtés ; de deux cinquièmes plus large qu'il est long ; obtus aux
angles de devant ; très-médiocrement convexe ; obsolètement sillonné transversalement après le bord antérieur et au devant de
la vase ; creusé d'un sillon obliquement longitudinal naissant de
la moitié des bords latéraux et prolongé jusqu'à la base près des
angles postérieurs ; offrant la partie en dehors de ce sillon, relevée ; presque lisse ; hérissé de poils noirs peu épais ; d'un vert
bleu ou d'un bleu vert métallique, avec les angles de devant
d'un flave roussâtre, depuis le quart externe du bord antérieur,
jusqu'au tiers environ du bord latéral. *Ecusson* près d'une
fois plus large que long ; obtusément arrondi à son bord postérieur ; d'un bleu vert ou d'un vert bleu. *Elytres*, en devant, à

peu près de la largeur du prothorax dans son milieu, plus larges
que lui à la base ; près de trois fois aussi longues que lui ; presque parallèles ou un peu élargies jusqu'à l'extrémité; obtusément arquées en arrière à celle-ci (réunies), avec l'angle sutural
de chacune émoussé ou subarrondi ; peu convexes ; laissant le
pygidium à découvert ; d'un flave roussâtre ou d'un roux testacé
livide, parées d'une bande suturale commune, d'un vert métallique, couvrant toute la base, réduite aux trois septièmes de la
largeur vers le dixième de la longueur, prolongée ensuite en se
rétrécissant graduellement jusqu'aux trois quarts ou un peu
plus de la longueur; garnies de poils obscurs mi-relevés, peu
nombreux, peu apparents. *Dessous du corps* et *pieds* d'un vert
bleuâtre métallique ; hérissés de poils cendrés assez longs :
jambes postérieures plus longues, faiblement arquées vers les
deux tiers,

Cette espèce a été découverte en Crimée par **M.** le lieutenant-
général Charles Levaillant.

Nous n'avons vu que le ♂.

Silpha Levaillanti.

*Oblongue ; très-peu convexe ; noire, avec les deux derniers anneaux
du ventre d'un fauve roux ; garnie de poils d'un roux testacé sur ces
anneaux, sur la tête et sur les genoux. Prothorax creusé de trois rangées de fossettes, en arc transverse dirigé en arrière (4, 6, 5) ; garni de
poils couchés d'un cendré flavescent , brillants. Élytres garnies de nervules analogues à des poils collés ; ornées de trois nervures longitudinales : l'externe moins longue ; chargées d'un calus entre les deuxième
et troisième nervures ; parsemées de petits tubercules.*

Long. 0,0135 à 0,0157 (6 à 7 l.) — Larg. 0,0067 (3 l.) à la base des élytres.

Corps oblong; presque plat ou très-peu convexe ; noir, garni
ou couvert de poils sur la tête et sur le prothorax. *Tête* presque
en triangle tronqué ; au moins aussi large que longue ; revêtue

de poils roux. *Labre* glabre, entaillé ou échancré à son bord antérieur; cilié. *Antennes* à peine prolongées au-delà des trois cinquièmes des côtés du prothorax; noires; de onze articles : le troisième plus grand que le quatrième : le quatrième un peu obconique : le cinquième transverse : les sixième à huitième graduellement perfoliés d'une manière plus sensible : les huitième à onzième constituant une massue subcomprimée, aussi longue que les cinquième à huitième réunis. *Prothorax* bissubsinueusement tronqué en devant, avec les angles antérieurs faiblement saillants; élargi d'avant en arrière en ligne faiblement arquée; de trois quarts au moins plus large à la base qu'en devant; en arc bisanguleux et dirigé en arrière à la base, c'est-à-dire tronqué ou à peine échancré au-devant de l'écusson, et obliquement coupé depuis les angles de cette troncature jusqu'aux angles postérieurs; muni sur les côtés d'un rebord graduellement affaibli depuis les angles de devant jusqu'aux postérieurs, sans rebord à la base; de trois quarts plus large à celle-ci que long sur son milieu; peu convexe; garni ou presque revêtu de poils couchés d'un cendré flavescent, brillants et subargentés et en partie visibles seulement à certain jour; rayé d'une ligne longitudinale médiaire légère et parfois indistincte, terminée par une fossette obsolète; creusé de diverses autres fossettes peu ou point garnies de poils, savoir : quatre, disposées en arc transversal et dirigé en arrière, vers le tiers ou un peu plus de la longueur, la plus externe de cette rangée située, de chaque côté, entre la ligne médiane et le bord latéral : six, en rangée transversale à peu près parallèle vers les deux tiers ou un peu après de la longueur : cinq, ordinairement plus obsolètes (en y comprenant celle qui termine la ligne médiane) liées ou presque liées à la base : la médiaire, moins postérieure. *Ecusson* aussi long qu'il est large à la base; sinueusement rétréci dans la seconde moitié de ses côtés et terminé en pointe; presque rayé ou chargé de nervules légères. *Élytres* aussi larges en devant que le prothorax à ses angles postérieurs ; un peu élargies en ligne presque droite jusqu'aux deux tiers ou un peu plus , rétrécies ensuite en ligne un peu courbe; subarrondies à l'angle postéro-externe ; sinueusement et obliquement tronquées de manière à former une saillie à l'angle sutural; laissant à découvert les trois derniers arceaux du dos de l'abdomen ; relevées sur les côtés en un rebord formant gouttière ; très-peu convexes ; chargées chacune de trois nervures longitudinales: les deux plus internes subterminales : la troisième, à peine prolongée au-delà des deux tiers; chargées vers ce point, entre les deuxième et troisième nervures d'un calus transverse. *Intervalles* garnis de très-légères nervules, presque semblables à des poils collés sur la surface des étuis et divergents ; chargés vers l'extrémité des étuis, de petits points tuberculeux irrégulièrement disposés et peu nombreux , parfois peut-être nuls. *Repli* graduellement rétréci jusqu'à l'angle postéro-externe des étuis, nul postérieurement. Trois derniers arceaux de l'abdomen non voilés par les élytres : le premier noir, cilié postérieurement de roux : les deux autres d'un fauve roux, garnis de poils d'un roux testacé. *Dessous du corps* noir ; finement ponctué ; garni de poils couchés, de même couleur : deux derniers arceaux d'un fauve roux, garnis de poils d'un roux testacé. *Prosternum* non prolongé entre les hanches. *Mesosternum* obtusément tronqué à son extrémité. *Pieds* noirs. *Cuisses* finement ponctuées et garnies de poils. *Genoux* garnis de poils roux. *Jambes* un peu cannelées ; hérissées d'épines ; les antérieures un peu arquées en dedans, les intermédiaires un peu sinueuses, au moins chez le ♂.

Cette espèce a été découverte en Crimée par M. le lieutenant-général Charles Levaillant. Nous l'avons dédiée à ce savant distingué, qui sait joindre à toutes les qualités d'un officier supérieur, un goût héréditaire pour l'histoire naturelle. M. Levaillant est l'un des fils du voyageur célèbre qui, le premier, osa s'aventurer dans les parties inconnues de l'Afrique australe.

Dermestes leopardinus.

Oblong ; noir : labre, partie postérieure de la tête, prothorax, écusson et quart antérieur des élytres, garnis d'un duvet cendré flavescent, assez épais : médi et postpectus, revêtus d'un duvet blanc sale ; marqué, de chaque côté sur le dernier, de deux taches ponctiformes noires. Ventre noir, frangé de blanc au bord postérieur des arceaux ; à peine poudré de blanc sur leur surface, et noté de chaque côté de ceux-ci d'une tache ponctiforme noire.

Long. 0,0100 (4 1/2 l.) — Larg. 0.0050 (2 1/3 l.)

Corps oblong ; médiocrement convexe. *Tête* une fois plus large que longue ; couverte de points ronds et presque contigus ; noire ; garnie d'un duvet cendré flavescent, depuis le milieu du front jusqu'à la partie postérieure, glabre sur la partie antérieure ; rayée d'un sillon transversal sur la suture frontale : épistome court. *Labre* faiblement échancré ; revêtu comme la partie postérieure de la tête, d'un duvet cendré flavescent. *Antennes* à peine prolongées au delà du quart des côtés du prothorax ; de onze articles : le premier, renflé, ovalaire, au moins aussi long que le onzième : le deuxième, suborbiculaire, moins gros, mais d'un diamètre moins petit que le troisième : les troisième à sixième, submoniliformes, presque égaux, moins longs que larges : le huitième, en partie caché par la massue, presque nul au côté interne : les neuvième à onzième, constituant une massue subcomprimée, brusquement plus grosse, au moins aussi grande que les articles deuxième à huitième pris ensemble : les neuvième et dixième presque égaux : le onzième rétréci de la base à l'extrémité et paraissant presque formé de deux articles soudés : les premier à septième bruns ou d'un brun rouge : les neuvième à onzième noirâtres. *Yeux* hémisphériques, saillants sur les côtés de la tête. *Prothorax* déclive à ses angles de devant et paraissant,

par là, vu en dessus, presque en demi-cercle; de deux tiers plus
large à la base qu'il est long sur son milieu; arqué en arrière
sur la moitié médiaire de sa base, presque en ligne transverse
droite, de chaque côté de cette partie arquée; à angles postérieurs
rectangulairement ouverts; sans rebord ou à peine rebordé;
convexe mais plus médiocrement d'avant en arrière; noir; densement et finement ponctué; garni d'un duvet cendré flavescent,
assez épais; cilié sur la partie arquée en arrière de la base
Écusson noir; revêtu d'un duvet pareil; en triangle un peu plus
large que long. *Élytres*, en devant, de la largeur du prothorax à
ses angles postérieurs; près de trois fois aussi longues que lui;
presque parallèles ou faiblement rétrécies jusqu'aux quatre septièmes ou un peu plus, en ogive obtuse ou subarrondie postérieurement; très-étroitement rebordées; peu convexes sur le
dos, convexement déclives sur les côtés: finement ponctuées;
garnies, comme le prothorax, sur le quart antérieur de leur
longueur, d'un duvet cendré flavescent; garnies, sur le reste de
leur surface, de poils noirs, plus courts, plus fins, plus couchés,
moins épais et peu apparents. *Dessous du corps* noir; presque glabre sur les côtés de l'antépectus; revêtu, sur les médi et
postpectus, d'un duvet très épais d'un blanc sale; marqué, de
chacun de ces côtés, de deux taches ponctiformes, noires: la
postérieure, joignant l'élytre vers le milieu de la longueur du
postpectus: l'antérieure, plus interne, vers le bord postérieur
du médipectus. *Ventre* légèrement poudré de blanc, avec une
tache ponctiforme noire au côté externe de chaque arceau: bord
postérieur de ceux-ci, paré d'une épaisse frange de poils d'un
blanc de lait ou parfois d'un blanc sale. *Pieds* noirs.

Cette espèce a été prise en Crimée par M. le lieutenant-
général Ch. Levaillant.

Obs. Elle a tant d'analogie avec l'espèce décrite par Steven,
dans le t. 2 de la Synonymie des insectes de Schönherr, p. 89,
qu'elle semblerait devoir se rapporter à cette espèce; cependant

la taille et la couleur du ventre diffèrent assez pour laisser des doutes à cet égard. Voici la description de Steven :

Dermestes dimidiatus niger, thorace, elytrisque antice griseis, abdomine albo.

Dermeste lardario *dimidio minor* et distinctissimus. Caput fulvo-tomentosum, fronte nuda. Antennarum clava triarticulata nigra. Thorax cinereo-villosus, immaculatus. Scutellum thorace concolor. Elytra nigra pubescentia antice ad quartam partem cinereo villosa. Pectus et *abdomen albo-tomentosa,* maculis marginalibus nigris. Pedes fusci.

L'exemplaire d'après lequel a été faite notre description diffère de l'espèce décrite par Steven 1° par sa taille, beaucoup plus grande que celle du *D. lardarius* ; 2° par le ventre noir, frangé de blanc au bord postérieur des arceaux ; 3° par ses pieds noirs.

Dermestes gulo.

Oblong ; noir et parsemé de poils d'un fauve flave mi-doré, en dessus. Prothorax profondément bissinué à la base. Dessous du corps noir et peu garni de poils sur l'antépectus ; revêtu sur les autres parties pectorales et sur le ventre, d'un duvet épais, luisant, d'un cendré flavescent. Mésosternum étroit, trois ou quatre fois aussi long qu'il est large à l'extrémité.

♂ Offrant sur la partie médiaire du quatrième arceau, plus près du bord postérieur que de l'antérieur, un espace ponctiforme, orbiculaire, dénudé, chargé d'un petit tubercule hérissé d'une mèche de poils cendrés flavescents.

♀ Sans marque distinctive sur le quatrième arceau ventral.

Long. 0,0090 (4 l.) Larg. 0,0033 (1 1/2 l.).

Corps oblong ou suballongé ; médiocrement convexe. *Tête* plus large que longue ; finement ponctuée ; ordinairement creusée d'une fossette sur le milieu du front ; noire ou d'un noir brun ; garnie de poils d'un cendré nébuleux. *Labre* subéchancré ; d'un

rouge testacé, garni de poils mi-dorés. *Palpes* d'un rouge testacé.
Antennes prolongées environ jusqu'à la moitié des côtés du prothorax; d'un roux testacé; de onze articles : le premier un peu arqué, obconique, renflé : les deuxième à huitième moins gros que celui-ci, presque de même grosseur les uns que les autres, garnis de poils mi-dorés : le deuxième subglobuleux : le troisième moins court que le quatrième : celui-ci et le cinquième presque égaux : les sixième à huitième un peu plus courts : les neuvième à onzième constituant une massue subcomprimée, brusquement plus grosse, aussi longue que les deuxième à huitième articles : les neuvième et dixième presque égaux : le onzième, rétréci de la base à l'extrémité, subappendicé ou comme formé de deux articles soudés. *Yeux* saillants; globuleux; entiers. *Prothorax* tronqué en devant; émoussé aux angles antérieurs; élargi d'avant en arrière en ligne à peine arquée; profondément bissinué à la base, avec la moitié médiaire arquée en arrière et un peu plus prolongée que les angles; émoussé à ceux-ci; garni à la base de cils d'un jaune mi-doré; très étroitement rebordé sur les côtés et à son bord postérieur; de deux tiers plus large à la base qu'il est long sur son milieu; convexe, mais plus médiocrement d'avant en arrière; noir; ponctué finement et d'une manière presque squammeuse; garni de poils obscurs, presque couchés, entremêlés de poils plus nombreux, jaunâtres ou d'un roux flave, presque mi-dorés à certain jour. *Écusson* presque en triangle, à côtés un peu curvilignes; noir, garni de poils d'un flave roux. *Élytres* en devant à peu près de la largeur du prothorax à ses angles postérieurs; trois fois aussi longues que lui; une fois plus longues qu'elles sont larges réunies; presque parallèles jusqu'aux deux tiers, rétrécies ensuite en ligne courbe jusqu'à l'angle sutural; très-étroitement rebordées; peu convexes sur le dos, convexement déclives sur les côtés; ponctuées d'une manière assez fine, ruguleuse ou comme squammeuse; noires; garnies de poils couchés noirs ou obscurs, et parsemées de poils d'un roux flave, mi-dorés,

moins rares près de la base que sur le reste de leur surface. *Dessous du corps* noir brun et presque glabre sur les côtés de l'antépectus; revêtu, sur les autres parties pectorales et sur le ventre, de poils épais, couchés luisants, d'un cendré flavescent; cilié de flave cendré au bord postérieur des arceaux du ventre. *Hanches antérieures* non séparées par le prosternum. *Mésosternum* étroit, faiblement rétréci d'avant en arrière. *Pieds* bruns ou d'un brun rougeâtre; les intermédiaires et postérieurs surtout, garnis de poils d'un cendré flavescent.

Cette espèce se trouve assez rarement à Lyon, dans les habitations.

Obs. Elle doit entrer dans la première division établie par Erichson (Naturgesch. t. 3, p. 426),

Geotrupes fimicola.

Ovale, oblong ; convexe ; noir en dessus. Mandibules arquées et sans sinuosités. Epistome unituberculé. Écusson ponctué et bissillonné sur les deux tiers de la ligne médiane. Élytres à quatorze stries ponctuées. Intervalles peu convexes, imponctués, faiblement ridés. Dessous du corps et des pieds violets.

Long 0.0200 à 0,0225 (9 à 10 l.) Larg. 0,0112 à 0,0135 (5 à 6 l.).

Corps ovale oblong; convexe; d'un noir opaque en dessus. *Épistome* rhomboïdal; émoussé à son angle antérieur; ruguleusement ponctué; chargé d'une carène terminée postérieurement par un tubercule subcorniforme. *Mandibules* arquées à leur côté externe; garnies d'une rangée longitudinale de cils sur la moitié externe de celui-ci; sans sinuosité à l'extrémité. *Antennes* noires, avec le premier article d'un bleu vert métallique et la massue d'un fauve brun ou d'un fauve cendré. *Prothorax* à peu près tronqué en devant quand l'insecte est vu en dessus; élargi en ligne presque droite jusqu'aux deux tiers, subarrondi aux angles postérieurs ; tronqué, avec une ligne à peine bissinueuse, à la base ; garni dans toute sa périphérie d'un rebord à peine affaibli, mais non interrompu aux subsinuosités basilaires ; convexe ; noir, avec les côtés irisés d'un bleu violet métallique ; rugueusement ponctué près de ceux-ci, presque lisse, marqué de petits points disséminés irrégulièrement ; marqué sur la ligne longitudinalement médiaire, d'une rangée de points constituant une sorte de sillon graduellement plus sensible postérieurement ; noté d'une fossette ponctiforme vers les trois cinquièmes de la longueur, près des bords latéraux. *Écusson* en triangle curviligne ; noir, marqué sur ses deux tiers postérieurs de deux sillons ponctués ou formés par des points, et parfois presque confondus en un seul. *Élytres* à peine moins larges en devant que le prothorax à ses angles postérieurs ; une fois environ plus longues que lui ; presque parallèles jusqu'aux deux tiers, arrondies à l'extrémité ; rebordées ; non relevées en gouttière sur les côtés ; convexes ; chargées d'un calus huméral ; noires, avec une teinte bleue ou bleuâtre près des côtés ; à quatorze stries peu grossièrement ponctuées : les huitième à douzième affaiblies en devant ou non distinctes sur le calus. *Intervalles* peu convexes ; imponctués ; offrant des rides transversales. *Dessous du corps* d'un violet métallique. *Pieds* noirs en dessus, d'un violet métallique en dessous. *Jambes de devant* armées au côté externe de six ou sept dents émoussées ; terminées par une dent simple. *Jambes postérieures* à trois sillons transverses sur leur arête externe.

Mycterus ruficornis.

Oblong ; noir, un peu bronzé en dessous : antennes, partie des palpes, jambes et tarses d'un rouge testacé pâle. Dessus du corps garni de poils flavescents, très courts, peu épais, laissant librement apparaître la couleur foncière.

Long. 0,0064 (2 7/8 l.) Larg 0 0028 (1 1/4 l.).

Corps oblong ; très médiocrement convexe. *Tête* allongée en museau ; d'un cinquième ou d'un quart plus longue depuis son extrémité antérieure jusqu'au bord antérieur des yeux, que depuis ce point jusqu'à sa partie postérieure ; plate en dessus ; marquée de points assez épais, donnant chacun naissance à un poil flavescent, fin, couché. *Antennes* prolongées un peu au-delà des angles postérieurs du prothorax ; d'un rouge testacé pâle ; de onze articles : les quatrième à dixième, obconiques, un peu en forme de dent au côté interne : le onzième appendicé. *Palpes maxillaires* d'un rouge testacé, avec le dernier article noir dans sa moitié antérieure : cet article sécuriforme. *Prothorax* tronqué en devant ; élargi en ligne courbe jusqu'aux deux cinquièmes, puis en ligne droite jusqu'aux angles postérieurs ; en angle très-ouvert et dirigé en arrière à la base, avec les côtés de cet angle faiblement arqués en devant ; densement et ruguleusement ponctué ; rayé d'une ligne médiane légère ; marqué de trois petites fossettes ou points enfoncés liés à la base : l'un, au devant de l'écusson : chacun des autres vers le sixième externe du bord postérieur ; d'un noir un peu bronzé ; garni de poils flaves, très-courts, luisants et peu épais. *Écusson* presque orbiculaire ; noir ; ruguleusement ponctué. *Élytres* faiblement plus larges en devant que le prothorax à ses angles postérieurs ; graduellement élargies jusqu'aux deux tiers, subarrondies postérieurement, prises ensemble ; très-médiocrement convexes ; creusées d'une fossette humérale très-marquée et prolongée au moins jusqu'au cinquième de leur longueur ; ruguleuses ; marquées de points moins petits et moins rapprochés dans la direction de la fossette ; d'un noir un peu bronzé ; garnies de poils flavescents, très-courts, luisants, peu épais. *Dessous du corps* noir ; ruguleusement pointillé ; garni de poils d'un flave cendré, couchés. *Cuisses* noires : jambes et tarses d'un rouge testacé, pâle ou rosé.

Patrie : la Crimée, où elle a été découverte par M. le lieutenant-général Ch. Levaillant.

Obs. Cette espèce se rapproche par sa forme du *M. umbellatorum*.

Cerambyx Manderstjernac.

Dessus du corps glabre; noir ou d'un noir châtain, passant insensiblement au marron à l'extrémité des élytres Prothorax chargé de trois plis transversaux, soit après son bord antérieur, soit au-devant de la base : l'intermédiaire aussi saillant dans son milieu ; offrant sur la zône médiaire des reliefs bizarrement dessinés, à arête assez vive, offrant sur cette zône, à l'extrémité de la ligne médiane, une pièce gaufrée, non sillonnée. Elytres un peu obliquement tronquées en angle rentrant, à l'extrémité; armées à l'angle sutural d'une épine plus longuement prolongée que l'angle externe de la troncature: cet angle peu émoussé.

Long. 0,0450 à 0,0495 (20 à 22 l.).

Corps allongé. *Tête* d'un noir châtain ; ponctuée ; à surface inégale ; marquée sur le milieu du front de deux sillons longitudinaux, prolongés depuis le bord postérieur des yeux jusqu'au niveau de la base des antennes, enclosant un relief allongé et étroit ; offrant au-devant de celui-ci un ovale transverse. *Yeux* très-échancrés. *Antennes* sétacées ; de moitié plus longues que le corps dans le ♂, dépassant à peine les quatre cinquièmes, chez la ♀ ; à articles subglobuleusement renflés vers le sommet : les premiers plus courts et plus noueux : les derniers comprimés et allongés, sourtout chez le ♂ ; noires, garnies vers l'extrémité d'une pubescence cendrée et pulviforme. *Prothorax* d'un noir châtain ; tronqué en devant; bissubsinué à la base ; tuberculeux latéralement et orné d'une épine droite vers le milieu de ses côtés ; à trois saillies transversales ou plis linéaires, soit après le bord antérieur, soit au-devant de la base : l'intermédiaire de chacune de ces lignes saillantes, raccourcie à ses extrémités, mais à peu

près aussi saillante que les autres sur son quart ou tiers médiaire; chargé sur sa zône médiane, c'est-à-dire entre chacune de
ces trois saillies transversales, de sortes de rugosités ou de des-
sins en relief ne formant pas des plis transversaux : la pièce en
relief située à l'extrémité de la ligne médiane, au-devant des
trois saillies transversales de la base, non sillonnée et ordinairement cordiforme. *Écusson* subcordiforme ou en triangle à côtés
curvilignes ; noir ; brièvement pubescent. *Élytres* d'un tiers au
moins plus larges en devant que le prothorax à sa base ; cinq
fois plus longues que lui ; subgraduellement rétrécies chez le ♂,
plus parallèles chez la ♀ ; assez faiblement émoussées à leur angle
postéro-externe ; tronquées un peu obliquement de dehors en
dedans et d'arrière en avant à leur extrémité, et armées à l'angle sutural d'une épine plus longuement prolongée que leur partie postéro-externe ; peu fortement convexes; creusées d'une fossette humérale d'un noir châtain, passant graduellement au marron à l'extrémité. *Dessous du corps* noir ou d'un noir châtain.
Pieds de même couleur.

Patrie : la Crimée. Envoi de M. le lieutenant-général Ch.
Levaillant.

Obs. Nous avons dédié cette espèce à M. de Manderstjerna,
savant aussi remarquable par ses talents entomologistes que par
les qualités brillantes qui le distinguent.

Le *C. Manderstjernae* a le port du *C. heros*, mais il s'en distingue par les caractères suivants : 1° les lignes transversales
saillantes ou les plis transversaux, situées après le bord antérieur
et au-devant de la base, offrent la ligne située entre les deux
autres aussi saillante que celles-ci sur son quart ou tiers médiaire,
tandis que chez le *C. heros* cette ligne est très-émoussée sur
son arête et parfois peu distincte; 2° par les reliefs de la zône
médiaire, assez différents, plus saillants et à arête plus vive,
bizarrement dessinés et non d'une manière transversale; 3° par
la petite pièce en relief, située à l'extrémité de la ligne médiane,

au-devant des plis transversaux de la base, ordinairement triangulaire et entièrement gaufrée, tandis que chez le *heros*, cette
partie est graduellement sillonnée et déprimée. 4° par la forme
de l'extrémité des élytres, beaucoup plus sensiblement tronquée,
de manière à offrir un angle peu émoussé à la partie externe de
cette troncature, tandis que chez le *C. heros*, le côté externe est
subarrondi ; par la troncature plus sensiblement oblique d'arrière en avant, de dehors en dedans ; par l'épine dont l'angle
sutural est armé, plus longue. Ces caractères tirés de l'extrémité
des élytres et des reliefs du prothorax, donnent au *C. Manderst-
jernœ* un faciès qui frappe au premier coup d'œil.

Leptura saucia.

*Allongée ; noire, hérissée de poils cendrés. Prothorax arrondi
sur les côtés jusqu'aux deux cinquièmes, subparallèle ou légèrement
sinué ensuite ; déprimé ou sillonné au-devant de la base et après le
bord antérieur ; ponctué. Elytres rétrécies à partir de l'épaule, arrondies chacune à l'extrémité ; ornées chacune d'une tache d'un rouge testacé livide, peu nettement limitée, prolongée depuis l'épaule presque
jusqu'aux deux cinquièmes, étendue jusqu'à la moitié, rétrécie d'arrière en avant, depuis ce point jusqu'au calus huméral.*

Long. 0,0112 (5 l.). — Larg. 4,0033 (1 1/2 l.).

Corps allongé. *Tête* noire ; densement ponctuée ; hérissée de
poils cendrés, surtout derrière les yeux ; brusquement rétrécie
après ces organes ; peu profondément sillonnée sur la suture
frontale. *Yeux* échancrés à leur côté interne. *Antennes* insérées
à l'extrémité antérieure de l'échancrure des yeux ; prolongées
jusqu'aux trois quarts environ du corps ; subfiliformes, faiblement
plus grosses et plus soyeuses à partir du septième article ; noires,
luisantes et garnies de quelques poils fauves sur les six premiers
articles, d'un noir brun mat sur les derniers. *Prothorax* tronqué en devant ; élargi en ligne courbe jusqu'aux deux cinquiè-

mes, subparallèle ensuite ou plutôt légèrement sinué entre le
milieu et les angles postérieurs ; tronqué à la base ; transversalement déprimé ou sillonné au-devant de celle-ci et après le bord
antérieur ; convexe ; noir ; marqué de points plus gros que ceux
de la tête ; hérissé de longs poils cendrés ; offrant sur la ligne
médiane les traces légères d'un sillon longitudinal étroit. *Ecusson* en triangle subéquilatéral ; noir ; ponctué ; hérissé de
poils cendrés. *Elytres* de deux cinquièmes plus larges à la base
que le prothorax à ses ang'es postérieurs ; trois fois à trois fois
et demie aussi longues que lui ; émoussées ou subarrondies aux
épaules ; graduellement rétrécies ensuite jusque vers l'extrémité,
subarrondies chacune à celle-ci ; rebordées latéralement ; presque planes sur le dos, perpendiculairement déclives sur le côté
des épaules, puis graduellement d'une manière convexe ; creusées d'une fossette humérale ; ponctuées d'une manière un peu
ruguleuse, moins dense et moins profonde que le prothorax ;
noires ou d'un noir legèrement bleuâtre ; ornées chacune d'une
tache d'un rouge testacé livide, peu nettement limitée, prolongée sur le bord externe presque depuis l'épaule jusqu'au tiers
ou presque aux deux cinquièmes de la longueur, étendue à sa
partie postérieure, environ jusqu'à la moitié de la largeur de
chaque étui, rétrécie d'arrière en avant depuis ce point jusqu'au
calus huméral . *Dessous du corps* et *pieds* noirs ; hérissés de
poils cendrés ou cendrés flavescents.

Cette espèce a été découverte en Crimée par M. le lieutenant-
général Ch. Levaillant.

NOTICE

SUR

LOUISE-CAROLINE D'AUMONT,

PAR

E. MULSANT.

Lue à la Société Linnéenne de Lyon,

Quelle triste mission, me disais-je en prenant la plume, que celle d'avoir à enregistrer les pertes cruelles que ne cesse de faire la science! Mais combien ce ministère n'est-il pas plus pénible à remplir, lorsqu'il s'agit d'une femme douée des qualités les plus aimables, enlevée au printemps de sa vie, au milieu de tous les éléments de bonheur qu'il est possible de trouver sur la terre.

Louise-Caroline de Coucy, devenue plus tard madame d'Aumont, était née le 15 septembre 1827, à Hancourt (Marne). Elle descendait de la noble et ancienne famille de Coucy ([1]), dont les armes sont : six hermines en champ d'argent, avec cette devise : *Melius mori quam fœdari :* Plutôt la mort qu'une tache!

([1]) Son père, l'un des plus dignes représentants de cette maison, est conservateur des eaux et forêts. Sa mère, née Joséphine Stokam, est d'origine suédoise.

Louise montra, bien jeune encore, combien la Nature avait été prodigue à son égard. A peine échappait-elle à l'enfance, que déjà elle laissait deviner quelle femme accomplie elle devait être un jour. Elevée par une mère qui joignait, à tous les charmes de l'esprit, l'attrait des vertus dont elle offrait le modèle, ses heureuses dispositions se développèrent rapidement. Elle acquit une instruction solide et variée ; elle fit surtout de l'histoire une étude approfondie.

Elle arriva ainsi à la jeunesse, cette trop courte saison de la vie. En la voyant parée de tout ce qui pouvait alors ajouter au prestige de ses vingt-un printemps, sa mère devait être glorieuse de son œuvre et se trouver amplement dédommagée de ses peines. L'estime et l'affection dont Louise était entourée, l'admiration dont elle était l'objet, devaient compléter toutes ses joies, et lui dire que les sentiments de son orgueil maternel n'avaient rien d'exagéré.

Mais cet âge où, comme une fleur nouvellement épanouie, une jeune fille brille de toutes ses grâces, est aussi l'époque où le choix de son établissement devient la préoccupation et le souci de ses parents. Vers l'automne de 1848, M. Guéneau d'Aumont, major au 18ᵉ de ligne, en garnison à Troyes, fut présenté à ceux de Louise, fixés alors dans cette ville. Des convenances réciproques ne tardèrent pas à faire arrêter, pour les premiers mois de l'année suivante, une alliance entre les deux familles.

Louise avait une amie, mademoiselle Edulie Loizelot, dont l'entomologie était la distraction favorite. M. d'Aumont remit, pour cette dernière, à mademoiselle de Coucy, une boîte d'insectes de nos contrées, parmi lesquels figuraient plusieurs de ceux qui plaisent à tous les yeux. Louise les admira beaucoup, mais elle n'y attachait alors d'autre intérêt que celui qu'on accorde à des objets faits pour flatter la vue.

Vers la fin de la même année, elle fit, avec sa mère et sa sœur, le voyage de Paris. On visita les environs. La campagne avait alors perdu presque tous ses charmes ; les fleurs étaient passées, et les insectes avaient disparu avec elles. Louise cependant ne voulut pas regagner ses foyers sans emporter un souvenir entomologique à celui qui devait être bientôt l'arbitre de son bonheur. Malgré son inexpérience et la rareté des petits êtres auxquels elle faisait pour la première fois la chasse, elle finit par dénicher, sous des écorces de pins, sous lesquelles ils sommeillaient, plusieurs de ces coléoptères connus sous le nom général de *Bêtes du bon Dieu* (¹).

Quelle satisfaction ne lui fit pas éprouver cette heureuse trouvaille ! Comme elle se réjouissait de la surprise agréable qu'elle allait causer ! Dans la suite, elle aimait, avec un plaisir indicible, à revoir, dans la collection de son époux, ces charmantes créatures, premier gage de sa sympathique tendresse, et ces insectes, tombés les premiers sous sa main, lui firent prendre en affection tous ceux de la même famille, dont elle recherchait avec soin les espèces indigènes.

L'hiver de 1848 à 1849 avait fui, et le printemps amenait avec lui l'époque de son mariage ; il eut lieu le 22 mai (²).

Après les jours consacrés aux fêtes et aux visites d'usage, M. d'Aumont dut se rendre à son poste ; Louise l'accompagna à Nevers, où le régiment tenait alors garnison. Elle commença bientôt à faire, avec son époux, quelques courses dans les alentours de cette ville. Le plaisir de se trouver avec celui qu'elle aimait, de l'aider dans ses recherches, était d'abord son unique mobile ; mais soit qu'une jeune femme se laisse facilement en-

---

(¹) *Harmonia margine-punctata.*

(²) M. l'abbé Boulage, curé de Saint-Pantaléon, prononça, à ce sujet, dans l'église cathédrale de Troyes, un discours digne de la circonstance et des nobles familles dont les prières s'unissaient aux siennes, pour appeler sur les époux les bénédictions du ciel.

traîner aux penchants et aux goûts de son mari, ou qu'une âme douée de l'instinct du beau soit aisément impressionnée par les charmes de la Nature, les instincts merveilleux des insectes lui inspirèrent, pour l'étude de ces petits animaux, une passion véritable, passion d'autant plus vive qu'elle y trouvait un motif nouveau d'adorer Dieu dans ses œuvres, et d'élever plus souvent vers lui ses pensées de reconnaissance et d'amour.

Dans le but de favoriser, dans sa naissance, ce goût qui s'harmonisait si bien avec les siens, M. d'Aumont se plaisait à l'initier aux secrets des moyens à employer pour rendre les chasses plus fructueuses ; mais en peu de temps, son esprit intelligent, son génie inventif, sa patience dans les recherches, la rendirent plus habile que son maître. Elle sut bientôt retirer du filet et du parapluie tous les services que peuvent rendre ces instruments. Il fallait la voir, accroupie au pied d'un arbre, pourchassant les insectes sous les écorces, dans le gazon, dans la mousse et autres lieux où ils aiment à se cacher ; ou, pour fouiller le sable, employant, comme un rateau, ses doigts délicats réservés jusqu'alors aux plus gracieux ouvrages de femme. Avec quel soin minutieux elle épluchait les plantes, feuille à feuille, brin à brin, pour saisir les Apions, les Altises et autres coléoptères de petite taille, fixés à ces matières végétales ou cherchant sous elles un abri !

Par un goût rare, en général chez les débutants, elle s'attachait de préférence à la recherche des petites espèces, et elle savait les piquer avec une merveilleuse adresse. Elle avait compris de suite qu'en s'adressant à ces pygmées, elle trouverait des occasions plus fréquentes de remplir dans les cartons de son époux, des places inoccupées. Croyait-elle avoir fait une conquête ou une trouvaille un peu importante, elle annonçait sa bonne fortune par un cri particulier, par une exclamation singulièrement expressive ; et quand elle acquérait la certitude que l'insecte tombé en son pouvoir manquait à la collection de son ami, ses yeux humides de plaisir lui disaient combien elle était heureuse de pouvoir accroître ses trésors entomologiques. Louise mettait dans ses recherches une tenacité passionnée, et souvent elle finis· sait par lasser les rigueurs de la fortune qui, parfois, se montrait peu disposée à la favoriser. Un jour, son étoile avait été malheureuse ; elle revenait ses flacons presques vides. Elle s'était laissé attarder, dans l'espoir de se voir enfin récompensée de ses peines ; cet espoir ne fut pas déçu. Dans une flaque d'eau se jouaient, au soleil couchant, une foule d'Hydropores, parmi lesquels diverses espèces assez rares ; elle se dédommagea amplement sur ces petits malheureux des mécomptes de la journée. La nuit vint trop tôt l'arracher à ses jouissances.

Ces promenades entomologiques, si fécondes en émotions et en plaisirs, étaient devenues pour elle un besoin. Aucune peine, aucune difficulté n'était désormais capable de refroidir son zèle ; elle se jouait même parfois des dangers.. Ainsi, elle suivit un jour, pendant une demi-lieue, la levée assez étroite de la Loire, dans laquelle un faux pas ou une étourderie pouvait la faire tomber, pour avoir l'occasion d'envelopper dans son filet une foule d'insectes voltigeant sur ces bords, au crépuscule d'une belle soirée d'été.

Quand, retenu par son service, M. d'Aumont ne pouvait l'accompagner, elle s'aventurait sans lui dans les champs environnants, pour ne passer sans résultat aucune journée favorable. La Nature, il est vrai, ne la laissait jamais seule, même dans les lieux les plus retirés ; elle les animait par la présence d'une foule de petits citoyens, régis par des lois souvent plus sages que les nôtres, et déployant des instincts dont notre intelligence reste souvent confondue ; elle réalisait souvent à ses yeux les fictions les plus ingénieuses de la mythologie.

Les insectes n'étaient pas au reste le seul objet de ses recherches. Elle collectait aussi les coquilles fluviatiles et terrestres. Son époux avait commencé à se livrer à cette étude vers l'époque de son mariage (¹), et cette circonstance l'avait affectionnée à cette branche des sciences naturelles.

Vers la fin d'avril 1850, le régiment auquel M. d'Aumont était attaché fut envoyé à Laon. Louise voulut suivre en voiture, et par étapes, son mari obligé de marcher à cheval à la tête de son bataillon. Elle partageait ainsi une partie de ses peines et de ses privations, et toujours elle était la première à prendre le côté plaisant des mauvais gîtes dans lesquels il fallait passer la nuit. Dès qu'elle était arrivée au lieu du repos, elle mettait à profit les heures diurnes qui lui restaient jusqu'au crépuscule, pour courir à la chasse aux insectes. Partout elle butina sur sa route, et fit souvent d'admirables récoltes (²).

Ces pérégrinations par étapes, outre l'avantage qu'elles lui offraient de connaître le pays en détail, lui permettaient aussi d'emporter de chaque contrée quelque memento de son passage Plus tard, en revoyant le fruit de ses recherches, elle vivait de souvenirs et d'illusions; chaque objet lui rappelait les lieux qu'elle avait visités, les champs qu'elle avait parcourus, et souvent jusqu'aux émotions qu'alors elle éprouvait. Sa collection était devenue, pour ainsi dire, l'histoire de ses promenades, de

---

(¹) Il avait eu pour guides MM. Ray et Drouët, de Troyes, conchy-liologistes zélés.

(²) En quittant Nevers, elle passa successivement par Gien, Montargis, Melun, La Ferté-Milon, Soissons et autres gîtes intermédiaires. Les bois de La Ferté-Milon surtout, lui offrirent, sous les feuilles tombées, bon nombre de Carabiques des genres *Lebia*, *Dromius*, etc. C'est là que, pour la première fois, elle vit, au sommet de la tige d'un *allium*, posé comme un grain de corail, ce joli Criocère (*C. brunnea*), qui en rappelle la couleur; c'est là enfin qu'elle trouva la belle *Helix incarnata*. Près de Bonny, elle rencontra quelques-uns de ces Longicornes singuliers, connus sous le nom de *Dorcadions*, qu'en raison de leurs formes, et surtout de leurs cornes retroussées, elle comparait à des chèvres en miniature.

ses voyages, de sa vie même, mais écrite dans un langage hiéro-
glyphique dont elle seule possédait la clef.

On arriva à Laon dans la première quinzaine de mai. La posi-
tion charmante de cette ville, entourée de bouquets de bois, de
sablonnières et de prairies, offrit un nouvel aliment à son activité et de nombreuses richesses pour sa collection ([1]).

Le respect humain, cet être fantastique qui souvent sert d'é-
pouvantail, pour les actions même les plus louables, n'avait aucun
empire sur l'esprit de Louise. Un jour, sur les boulevards de la
ville, un Taupin, d'une espèce qu'elle ne possédait pas encore ([2]),
vint se poser étourdiment sur l'épaulette de son époux. Elle ne
l'eut pas plus tôt aperçu, que sa main s'était levée pour le saisir ;
mais, animé par les feux du soleil, l'insecte plus agile avait dé-
ployé ses ailes à son approche, et avait cherché son salut dans la
fuite. Notre chasseresse n'était pas femme à renoncer ainsi à une
conquête qu'elle s'était promise. Sans s'inquiéter des spectateurs,
elle suivit, dans les airs, l'insecte d'un regard perspicace, et de
poursuite en poursuite finit par s'en emparer.

Le 1er octobre de la même année, le régiment se mettait
en route pour le Puy-en-Velay. Louise savait se créer, dans ses
voyages, des jouissances variées. Les beaux sites, les vieux châ-
teaux, avec leurs légendes et leurs souvenirs, réveillaient à
chaque instant son imagination facilement enthousiaste, et servaient d'aliment à son esprit toujours avide de s'instruire. A
l'aspect de ces manoirs féodaux, sur lesquels le temps avait laissé
de si profondes traces de son passage, elle aimait à se reporter
en esprit à ces siècles plus ou moins lointains, dont l'histoire
lui était familière, et toujours elle savait trouver le moyen de

---

([1]) Les *Harpalus ferrugineus*. — *Agrilus Guerini, chrysopterus*. —
Ectinus aterrimus. — *Corymbites cruciatus*. — *Attica campanulae* et
atropa. — *Psylliodes operosa*, etc., etc.

([2]) *Corymbites castaneus*.

faire ressortir du spectacle de ces ruines quelques idées religieuses (¹).

Quand on arriva au Puy, la neige couvrait déjà les champs.
Louise et son époux utilisèrent ces jours de froidure, pour mettre en ordre leurs richesses amassées dans la belle saison ; mais,
dès que la température devenait supportable , ils employaient
une partie de leur temps à visiter les anciens monuments, si
abondants dans les environs de la capitale du Velay(²). Plusieurs
de ces promenades eurent pour but l'établissement de Walsh,
où les RR. PP. jésuites ont rassemblé une foule d'objets d'histoire
naturelle ou autres curiosités, rapportées de leurs missions lointaines, principalement de celles de la Chine, objets qu'ils mettent, avec une bienveillance empressée, à la disposition de tous
les amateurs. Le *Scarabée hercule*, qu'elle y vit pour la première
fois, lui donna une idée de la magnificence de cette faune ento·
mologique des tropiques, dont jusqu'alors elle avait vu peu
d'échantillons.

Vers le milieu de mars 1851 , M. d'Aumont et son épouse
vinrent passer deux jours à Lyon. Il y eut, à cette occasion, chez
l'un de nos amis (³), réunion de divers entomologistes de la ville.
Louise contribua pour une large part aux charmes de cette délicieuse soirée. Sa physionomie heureuse réflétait la candeur et la
beauté de son âme. Les longues boucles de sa blonde chevelure
encadraient à merveille son charmant et gracieux visage ; et,
dans ses yeux bleus, il y avait je ne sais quoi de suave, qui lui

---

(¹) Elle a laissé des notes destinées à raviver ses impressions de
voyage , qui pourraient servir de modèle par leur concision et leur
clarté.

(²) Les ruines du château de Polignac, bâti, suivant la tradition sur
l'emplacement d'un temple d'Apollon. — Le château d'Espaly-Saint-
Marcel, où Charles VII fut reconnu roi de France en 1422, etc.

(³) M. Gacogn

donnait une expression d'angélique douceur. A tous les dehors
extérieurs capables de faire naître la vanité dans le cœur d'une
femme, elle joignait cette noble simplicité, cet oubli de soi-même
dont les âmes supérieures donnent le plus souvent l'exemple.
Douée d'une instruction rare, elle la dissimulait avec la modestie
compagne ordinaire du vrai mérite ; cependant, malgré ses soins
et comme à son insu, la pureté et l'élégance de son langage, ses
observations fines et judicieuses, ses manières pleines de grâces
servaient, comme d'indiscrets témoignages, à révéler une de ces
éducations exceptionnelles qui décèlent souvent la noblesse de
l'origine. L'entomologie fournit les principaux sujets de la con-
versation. Louise causait alors de cette science comme une per-
sonne qui en a fait une étude sérieuse. Elle parlait surtout de ses
chasses avec cette animation qu'on met au récit d'un plaisir qu'on
croit goûter encore, ou dont on a conservé un vivace souvenir.
Les heures de cette soirée charmante s'envolèrent d'une aile trop
prompte. Chacun de nous, en faisant ses adieux à M. d'Aumont,
se sentait heureux du bonheur qui lui était échu.

Cet officier, peu de temps après, rejoignit à Clermont le reste
de son régiment. Là, il ressentit assez vivement les atteintes
d'une affection rhumatismale du cœur. Louise, si complètement
identifiée avec l'existence de son mari, souffrait de ses douleurs,
et avait pour lui ces attentions délicates, ces soins, cette sollici-
tude et ce dévouement que les femmes savent pousser parfois
jusqu'à l'héroïsme. Les eaux de Saint-Sauveur furent jugées
nécessaires. Madame d'Aumont fit avec un double motif de joie
les préparatifs de ce voyage. Elle espérait y trouver le rétablissement d'une santé qui lui était chère, et son imagination s'en-
flammait déjà à la pensée des richesses entomologiques dont les
Pyrénées devaient la mettre en possession.

Vers la fin de mai, les deux époux se mirent en route. Ils
s'arrêtèrent à Toulouse, où M. Moquin Tandon leur fit avec em-
pressement les honneurs du beau jardin botanique de la ville et

de sa riche collection de coquilles. Ils passèrent à Tarbes, longue
cité, étendue sur la rive gauche de l'Adour, dans une plaine
bornée par les premiers degrés des Pyrénées ; ils traversèrent
Argelès, et suivirent les vallées si pittoresques qui conduisent à
Saint-Sauveur, village situé à près de 800 mètres au-dessus du
niveau de la mer, sur la rive gauche du Gave de Pau. A la vue de
cette nature grandiose, de ces montagnes cachant dans les nues leurs
pics sauvages, de ces routes bordées souvent d'affreux précipices,
de ces ruisseaux roulant avec rapidité leurs ondes limpides, ou parfois tombant en cascades écumantes, Louise ne pouvait épuiser
ses sentiments d'admiration, ni trouver des paroles pour les
rendre. Pendant les sept semaines de leur séjour aux bains, les
deux époux utilisèrent toutes les journées propices pour rayonner
dans les environs. Il faut s'être livré à ces excursions dans les
chaînes élevées, pour en connaître tous les charmes. L'entomologiste n'éprouve pas seulement alors de vives émotions à la
rencontre des objets dont il s'enrichit, et dont le prix augmente
à ses yeux en raison des peines qu'ils lui coûtent, la Nature le
paie par mille autres faveurs du culte secret qu'il vient lui rendre. Elle donne des plaisirs à tous les sens. C'est pour lui qu'elle
semble faire mûrir sur ces hauteurs les framboises succulentes
et les fraises parfumées ; c'est pour lui qu'elle réserve la vue de
ses beautés les plus rares, de ses horreurs les plus étonnantes ;
c'est pour lui enfin qu'elle étale le panorama d'une horizon sans
bornes, ou qu'elle déploie, à chaque matinée d'été, la pompe
de ces levers de soleil dont la magnificence indicible jette l'âme
dans une extase religieuse. Louise visita ainsi la plupart des
lieux voisins : Cauterets, Barèges et Gavarnie, où de nombreuses
cascades animent du bruit de leurs eaux un cirque immense
qu'on dirait élevé par les Titans. Une de ces promenades lui
fournit l'occasion de faire la découverte de la belle Chrysomèle (¹),

---

(¹) *Chrysomela Ludovicae.*

à laquelle son nom restera désormais attaché. Les Pyrénées lui procurèrent, avec le rétablissement de son époux, d'abondants trésors de leur faune si remarquable (¹). Elle s'était promis de revenir leur payer plus d'une fois son tribut d'admiration et de reconnaissance ; mais ce rève ne devait pas se réaliser.

Louise, à part les douceurs de la maternité dont elle ne devait pas jouir, goûtait tout le bonheur possible. Il s'accrut, vers la fin de l'été, par la visite de sa famille (²), et au printemps sui- vant par celle de son amie d'enfance, Mademoiselle Loizelot. L'arrivée de cette dernière fut le signal de nombreuses courses, dans lesquelles l'entomologie et l'amitié trouvèrent sans peine le secret de faire agréablement passer les heures. Dans une de ces excursions, la petite caravane, sous la conduite du savant M. Lecoq, dressa sa tente au village de Murol, à quatre lieues du mont Dor, et fit pendant trois jours, dans ce pays accidenté, des explorations que l'aimable cicérone sut rendre agréables, instructives et fructueuses (³).

Après avoir parcouru, du nord de la France aux Pyrénées, une partie de nos départements, il restait à Louise de connaître la Provence, cette terre privilégiée, où une foule d'insectes re- cherchés des naturalistes, aiment à se réchauffer aux rayons du soleil méridional. Les désirs qu'elle formait à cet égard ne tar-

---

(¹) Les *Carabus splendens, festivus, pyrenaeus, Cristoforii*. — *Aptinus pyrenaeus*. — *Anchomenus cyaneus*. — *Zabrus obesus* — *Silpha Souver- bii*. — *Byrrhus pyrenaeus*. — *Dryops femorata*. — *Otiorynchus nava- ricus, fossor, monticola*, etc, etc.

(²) Son frère, accompagné de ses parents, était venu s'engager dans le 18ᵉ de ligne.

(³) Mˡˡᵉ Loizelot, à son départ, fut accompagnée jusqu'à Dijon par Louise et par son époux. Ceux-ci purent passer quelques semaines dans cette ville, où résident le père et la sœur de M. d'Aumont : le premier, professeur honoraire à la faculté des sciences, dont il a été pendant quarante ans l'un des membres actifs les plus distingués.

dèrent pas longtemps à être remplis. Au printemps de 1853,
le 18ᵉ de ligne reçut l'ordre de se rendre à Toulon. M. d'Aumont ne voulut pas traverser Marseille sans y serrer la main à
M. Wachanru, nouvellement de retour de Tarsous, où il avait
perdu ce qu'il avait de plus cher (¹). Au récit des malheurs de
ce naturaliste, les yeux de Louise s'étaient remplis de larmes ;
hélas, elle était loin de prévoir que bientôt elle en ferait couler
de non moins amères !

Arrivée à Toulon, le ciel si beau de ce pays, la flore et la
faune de ces contrées, si différentes de celles du centre et du nord
de la France, exaltèrent de nouveau son imagination et la ber-
cèrent des rêves les plus séduisants. Chaque jour, des conquêtes
intéressantes ou inattendues la poussaient à des excursions nouvelles. Peut-être mit-elle trop d'ardeur à ces courses, dont l'état
embrasé de l'atmosphère augmentait les fatigues.

Un jour, elle était allée visiter Saint-Mandrier ; la promenade
maritime nécessaire pour arriver dans ce lieu, les beautés de
l'hôpital, de ses jardins et de ses alentours, la singularité de
cet écho babillard qui semble emprunter les mille voix de la
renommée pour répéter les mots qu'on lui confie, les insectes,
nouveaux pour elle, dont elle avait garni ses flacons, tout avait
contribué à lui causer de délicieuses émotions. Jamais, peut-être,
son âme ne s'était-elle ouverte à plus de jouissances. A son
retour, mollement bercée sur les eaux, dans la nacelle légère qui
la ramenait à la ville avec son époux, elle se serait volontiers
écriée avec le poète :

> O temps ! suspends ton vol ; et vous, heures propices !
> Suspendez votre cours :
> Laissez-nous savourer les rapides délices,
> Des plus beaux de nos jours.
>
> LAMARTINE.

______

(¹) Madame Marie Wachanru, morte le 19 janvier 1853.

Mais le bonheur d'ici-bas est de courte durée, sans doute pour nous empêcher de nous attacher trop fortement à lui; celui de Louise touchait à son terme. Dans la longue traversée de la rade, son corps échauffé par la chaleur du jour, frissonna sous l'haleine refroidie de la brise du soir. Peu de temps après (¹), il fallut s'aliter. Le mal se présenta d'abord sous une apparence assez bénigne, et la science semblait en promettre une terminaison prompte et facile à la tendresse alarmée de son époux; mais bientôt il fut impossible de se faire illusion ; la malade elle-même ne put se méprendre sur la gravité de son état. La religion, sur laquelle elle s'était sans cesse appuyée, la soutint dans cette épreuve douloureuse. Résignée à la volonté de Dieu, elle lui fit le sacrifice de sa vie, et celui beaucoup plus pénible de se séparer de l'inconsolable ami qu'elle allait sous peu laisser après elle ; fortifiée ainsi par les sentiments pieux qui n'avaient cessé de l'animer pendant tout le cours de son existence, son âme éminemment chrétienne alla recevoir au ciel le prix de ses vertus. C'était le 19 août 1853; elle n'avait pas encore 26 ans !

On pourrait graver sur sa tombe ces vers si connus, adressés par Malherbe à son ami Du Perrier :

Elle était de ce monde où les plus belles choses
Ont le pire destin,
Et rose elle a vécu ce que vivent les roses ;
L'espace d'un matin.

(¹) Le 19 juillet.

DESCRIPTION

DE

DEUX NOUVELLES ESPÈCES D'ÉLATÉRIDES

(INSECTES COLÉOPTÈRES) ,

par

E. MULSANT et GUILLEBEAU.

Présentée à la Société Linnéenne de Lyon, le 12 juin 1854.

————— ◦◦◦ ————— ...

Cardiophorus curtulus.

Entièrement d'un noir luisant ; peu pubescent. Prothorax offrant vers le milieu sa plus grande largeur ; tronqué au devant de l'écusson; fendu longitudinalement vers chaque sixième externe de la base´; sillonné à l'extrémité de la ligne médiane. Ecusson sillonné. Elytres à stries ponctuées : les troisième et quatrième raccourcies postérieurement· Intervalles finement pointillés, ruguleux : les troisième et cinquième postérieurement unis et relevés en carène. Dessous du corps pointillé, garni d'une pubescence pulvérulente. Ongles d'un livide roussâtre.

Long 0,0067 (3 l.) — Larg. 0,0022 (1 l.).

Corps suballongé ; entièrement noir; peu distinctement pubescent et luisant, en dessus. *Tête* convexe ; convexement déclive en devant; pointillée. *Epistome* arqué et à peine rebordé à son bord antérieur. *Mandibules , palpes* et *antennes*, noirs : ces dernières prolongées environ jusqu'aux angles postérieurs du prothorax : les quatrième à dixième articles, dentés au côté interne : les sixième et suivants, graduellement rétrécis. *Prothorax* élargi en ligne un peu courbe jusqu'à la moitié, plus faiblement rétréci ensuite ; prolongé en arrière aux angles postérieurs;

tronqué à la base, au devant de l'écusson, échancré entre cette troncature et chaque angle postérieur ; rayé, vers chaque sixième externe de la base, d'une ligne sulciforme, un peu obliquement longitudinale, parallèle au bord externe, avancée environ jusqu'au cinquième postérieur ; à peu près aussi long sur son milieu, qu'il est large à la base ; sans rebord sur les côtés, si ce n'est aux angles postérieurs ; médiocrement convexe ; sillonné à l'extrémité de la ligne médiane ; un peu déprimé ou inégal vers la base, entre les deux fentes sulciformes précitées ; offrant au devant de la moitié médiaire du bord postérieur les traces d'un sillon en arc transverse ; pointillé ou très-finement ponctué ou pointillé ; noir ; garni de poils obscurs, courts et indistincts. *Ecusson* cordiforme ; noir ; pointillé ; peu pubescent ; longitudinalement rayé. *Elytres* deux fois à deux fois et quart aussi longues que le prothorax ; faiblement et subgraduellement élargies jusqu'à la moitié, pareillement rétrécies ensuite jusqu'aux deux tiers, puis plus sensiblement jusqu'à l'angle sutural ; étroitement rebordées ; peu convexes ; noires ; à neuf stries ponctuées : la quatrième et surtout la cinquième plus profonde en devant : la sixième, presque réduite à une rangée de points sur le calus huméral : les septième et huitième raccourcies en devant : les troisième et quatrième unies postérieurement vers les quatre cinquièmes. *Intervalles* finement pointillés ; rugulosités ; presque plans : les troisième et cinquième réunis et relevés en carène après l'union des troisième et quatrième stries. *Repli* uniformément étroit, à partir du bord postérieur du premier arceau ventral. *Dessous du corps* noir ; finement pointillé ; garni d'un duvet cendré pulvérulent. *Prosternum* rebordé. *Pieds* noirs, extrémité de chaque article des tarses fauve. *Ongles* d'un livide roussâtre.

PATRIE : la France, (collect. Gacogne).

Ampedus melanurus.

Allongé. Tête et prothorax noirs; marqués de points donnant chacun naissance à un poil noir, hérissé. Epistome en ogive en devant. Antennes noires. Prothorax à angles postérieurs étroits, carénés. Elytres d'un rougé flave, avec la base jaune et le sixième postérieur au moins, noir; à stries ponctuées. Intervalles ruguleux, marqués de points plus fins, donnant chacun naissance à un poil noir. Dessous du corps et pieds noirs : tarses fauves.

Long. 0,0078 (3 1 2 l ;Larg, 0,0025 (1/18 l.).

Corps allongé. *Tête* convexe ; convexement déclive d'arrière en avant ; noire ; luisante : marquée de points assez forts, médiocrement rapprochés, donnant chacun naissance à un poil noir, assez fin, hérissé. *Epistome* avancé en ogive , à son bord antérieur. *Mandibules* et *palpes* noirs. *Antennes* à peine plus longuement prolongées que les angles postérieurs du prothorax ; noires ; un peu pubescentes ; à deuxième et troisième articles courts : les quatrième à dixième dentés au côté interne : les sixième et suivants graduellement rétrécis. *Prothorax* élargi en ligne peu courbe jusqu'aux trois quarts ou quatre cinquièmes, subparallèle ensuite ; un peu plus long sur son milieu qu'il est large à sa base ; échancré au devant de l'écusson et plus fortement entre le tiers médiaire de la largeur et des angles postérieurs qui sont prolongés en arrière, étroits et carénés ; trèsmédiocrement convexe ; d'un noir luisant ; marqué de points analogues à ceux de la tête, moins rapprochés et donnant chacun naissance à un poil noir, assez fin, hérissé. *Ecusson* d'un tiers environ plus long qu'il est large ; en ogive dans sa moitié postérieure, subparallèle dans l'antérieure ; noir ; marqué de points comme le prothorax. *Elytres* deux fois et demie environ aussi longues que le prothorax ; presque parallèles jusqu'aux trois cinquièmes, faiblement et graduellement rétrécies ensuite en ligne

un peu courbe jusqu'à l'angle sutural ; peu convexes ; d'un rouge
flave, avec la base jaune, et le sixième postérieur au moins,
noir ; à stries ponctuées : la deuxième et la troisième ordinairement raccourcies postérieurement : la sixième peu distincte en
devant sur le calus. *Intervalles* plans, subruguleux et marqués
de points plus fins, donnant chacun naissance à un poil nébuleux ou obscur, mi-hérissé. *Repli* très-étroit, depuis la moitié
du premier arceau ventral jusqu'à l'extrémité. *Dessous du corps*
noir ; plus finement ponctué sur le ventre que sur l'antépectus ;
peu garni de poils fins, d'un fauve testacé. *Pieds* noirs sur les
cuisses, moins obscurs sur les jambes : extrémités de celles-ci
et tarses, fauves ou d'un fauve testacé.

PATRIE : les bois de la Grande-Chartreuse (Rey.) ; dessous
des écorces des sapins, à Nantua (Guillebeau).

OBS. Cette espèce, par la couleur de ses élytres, rappelle l'*A.
crocatus* ; mais elle est plus étroite, plus parallèle et diverse-
ment colorée.

Elle s'éloigne de l'*A. præustus* par sa ponctuation moins serrée, par sa forme, par sa couleur.

Elle est plus grande et plus parallèle que l'*A. elongatus*. Enfin, la forme de la tache postérieure des élytres et sa couleur la
séparent facilement de l'*A. elegantulus*.

DESCRIPTION

D'UNE

ESPÈCE NOUVELLE D'ULOMA,

(COLÉOPTÈRE DE LA TRIBU DES LATIGÈNES),

PAR

E. MULSANT et GUILLEBEAU,

Présentée à la Société Linnéenne de Lyon, le 10 décembre 1855.

Uloma Perroudi.

Suballongé; presque parallèle, faiblement convexe; d'un rouge brun et luisant. Prothorax presque en carré, d'un cinquième plus large que long; bissinué et sans rebord à la base, au moins sa majeure partie médiaire; finement ponctué. Elytres à neuf stries profondes et ponctuées. Intervalles un peu crénelés par les points des stries; superficiellement pointillés; peu convexes ou presque plans. Menton généralement moins large qu'il est long. Jambes de devant ordinairement à cinq dentelures.

♂. Prothorax marqué, près du milieu du bord antérieur, d'une fossette transverse égale à un peu plus du tiers antérieur. Jambes de devant plus sensiblement arquées. Menton obtriangulaire; glabre; ordinairement peu sillonné parallèlement à ses bords latéraux.

♀. Prothorax sans dépression. Jambes de devant moins sensiblement arquées. Menton profondément sillonné de chaque côté, près du bord latéral.

Long. 0,0 81 à 0,0090 (3 2/3 à 4 l.). Larg. 0,0029 à 0,0031 (1 1/3 à 1 2/3 l.)

Corps oblong; presque parallèle, très-faiblement convexe; entièrement d'un rouge brun luisant, en dessus. *Tête* creusée d'une suture frontale en demi-cercle affaibli sur son milieu; transversalement sillonnée après les yeux; marquée de points assez denses, plus gros sur la partie postérieure que sur le front et surtout sur l'épistome. *Yeux* noirs. *Prothorax* assez faiblement échancré en arc, en devant, avec les angles sensiblement avancés; faiblement élargi en ligne peu courbe jusqu'aux deux cinquièmes environ, subparallèle ensuite; à angles postérieurs peu ou point émoussés et rectangulaires; à peine rebordé sur les côtés du bord antérieur, sans rebord sur la partie médiaire de celui-ci; rebordé sur les côtés; sans rebord à la base ou n'offrant que près des angles les traces plus ou moins faibles ou presque indistinctes d'un rebord très-étroit; bissinué à son bord postérieur, avec la partie médiaire de celui-ci arquée en arrière et plus prolongée que les angles; d'un cinquième environ plus large à la base qu'il est long sur son milieu; peu convexe; marqué de points moins petits près des bords que sur le milieu : ces points séparés par des intervalles presque lisses ou indistinctement pointillés. *Ecusson* en triangle, à côtés curvilignes; parcimonieusement ponctué. *Elytres* presque parallèles jusqu'aux deux tiers, en ogive un peu obtuse postérieurement; munies latéralement d'un rebord non prolongé jusqu'à l'angle sutural; faiblement convexes; à neuf stries profondes, presque égales chacune au tiers de chaque intervalle, ponctuées : ces points paraissant en général séparés les uns des autres par un espace à peine égal à leur diamètre : la première strie subterminale : la deuxième, postérieurement liée à la septième, en enclosant les troisième à sixième : la huitième, postérieurement un peu plus courte, libre : les quatrième et cinquième plus courtes postérieurement et encloses par leurs voisines : les sixième, septième et huitième

antérieurement raccourcies ; offrant près de la suture une rangée
de points plus ou moins marqués, prolongés ordinairement
jusqu'au cinquième de la longueur. *Intervalles* superficiellement
pointillés ; presque plans ou peu convexes près de la suture,
plus sensiblement convexes près du bord externe ; un peu
crénelés par les points des stries. *Repli* non prolongé jusqu'à
l'angle sutural. *Dessous du corps* finement ponctué sur la ligne
longitudinalement médiaire, ponctué moins finement sur les
parties latérales, et d'une manière ruguleuse sur le ventre.
Menton obtriangulaire ; plus large près des angles antérieurs
qu'il est long sur son milieu ; profondément (♀) ou à peine (♂)
sillonné de chaque côté, parallèlement aux bords latéraux ;
glabre (♂ ♀) *Prosternum* rebordé, convexement déclive à sa
partie postérieure ; peu distinctement crénelé sur le dos de cette
partie déclive ; ne dépassant pas le bord postérieur de l'antépectus. *Pieds* médiocres. *Cuisses intermédiaires* et *postérieures*
sillonnées en dessous pour recevoir la jambe dans la flexion.
Jambes de devant armées ordinairement de quatre à six
dentelures sur leur arête externe : les *intermédiaires* moins
élargies, crénelées ou munies de dentelures plus petites et moins
nettement séparées. *Premier article des tarses postérieurs* à peu
près égal au dernier ; plus long que les deux suivants réunis.

Cette espèce a été trouvée à la Teste de Buch, dans des souches
de pins, par M. Perroud ; elle a été prise, dans les mêmes
arbres, dans les environs de Fribourg, en Suisse, par l'un de
nous. Elle se trouve également dans les Alpes.

Nous l'avons dédiée à notre savant ami M. Perroud, de Lyon.

Obs. Elle a vraisemblablement été confondue par divers
naturalistes avec l'*U. culinaris*. Elle s'en distingue par une taille
moins avantageuse ; par son corps plus étroit, plus faiblement
convexe ou un peu plus rapproché de la surface plane ; par ses
jambes de devant, armées ordinairement de quatre à six dentelures seulement, tandis que dans la *culinaris* on en compte géné-

ralement de six à huit ; par son menton obtriangulaire , moins large dans son diamètre transversal le plus grand , qu'il est long sur son milieu ; surtout par son prothorax sans rebord à la base, ou n'offrant que près des angles postérieurs les faibles traces d'un rebord. Le menton du ♂ est d'ailleurs glabre , tandis qu'il est garni d'une sorte de brosse de poils chez celui de l'*U. culinaris*.

La description de cette dernière espèce, donnée dans l'Hist. nat. des Coléoptères de France (LATIGÈNES), p. 232, a besoin d'être modifiée de la manière suivante :

Suballongé ; presque parallèle ; peu convexe ; d'un rouge brun luisant. Prothorax presque en carré d'un quart plus large que long ; bissinué et rebordé à la base ; pointillé. Elytres à neuf stries profondes et ponctuées. Intervalles un peu crénelés par les points des stries ; presque lisses ou superficiellement pointillés, presque plans. Menton généralement moins long qu'il est large dans son diamètre transversal le plus grand. Jambes de devant ordinairement à six ou huit dentelures.

♂. Prothorax marqué, près du bord antérieur, d'une impression en arc dirigé en arrière, occupant presque le tiers médiaire de la largeur, postérieurement suivie de deux petits tubercules, situés, un de chaque côté de la ligne médiane. Menton en ovale transverse, garni d'une sorte de brosse de poils ; non sillonné près de ses bords latéraux Cuisses antérieures plus renflées. Jambes de devant plus sensiblement arquées et terminées en pointe plus aiguë à leur angle postéro-externe.

♀. Prothorax sans impression et sans tubercules. Menton presque cordiforme ; sillonné près de ses bords latéraux

ADDENDA.

P. 14. après le titre : Description d'une nouvelle espèce du genre *Dorcus*, etc.

Dorcus Truquii.

EXPLICATION DE LA PLANCHE

DU MÉMOIRE RELÀTIF AUX *Hémiptères-Homoptères.*

Fig.
1. Vertex du *Dictyophora multireticulata.*
2. id. du id. *europœa.*

3. id. du *Conosimus cœlatus.*
4. id. de l'*Hysteropterum immaculatum.*
5. Front du *Conosimus cœlatus.*
6. id. de l'*Hysteropterum immaculatum.*

7. *Peltonotus raniformis.*
8. Front du *Peltonotus raniformis.*
9. Tibia postérieur du *Peltonotus.*
10. Tibia postérieur des *Hysteropterum.*

11. Vertex du *Ptyelus notatus.*
12. id. du *Ptyelus lineatus.*

13. Front du *Chiasmus.*
14. Front des *Acocephalus.*

15. Vertex et yeux du genre *Stegelytra.*
16. Front du genre *Stegelytra.*
17. Front du *Jassus mixtus.*
18. Vertex du genre *Proceps.*

HÉMIPTÈRES — HOMOPTÈRES

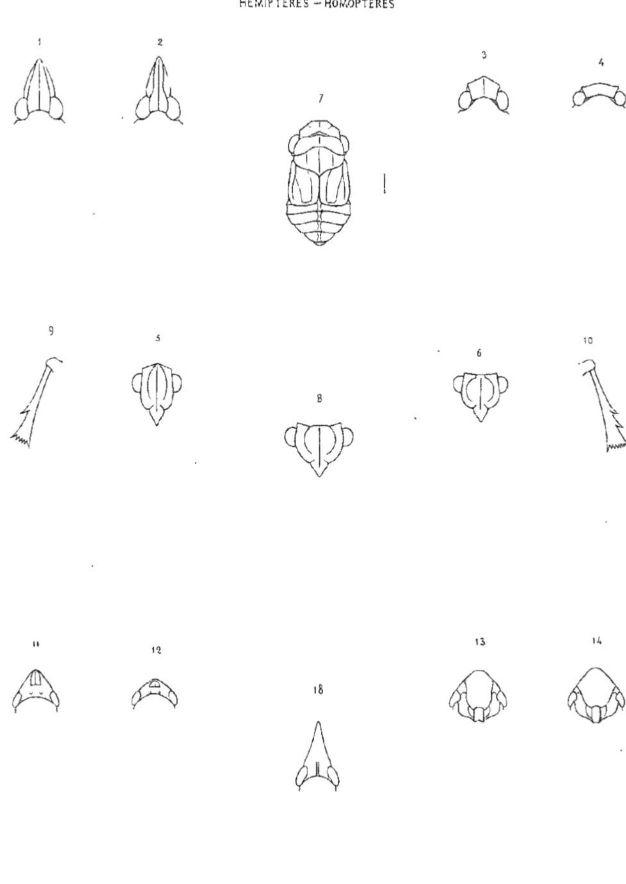
1
2
3
4
7
9
5
8
6
10
11
12
18
13
14
16
15
17

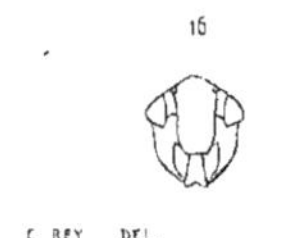
C REY DEL.

DECHAUD SC A LYON

FIN DE LA TABLE ALPHABÉTIQUE.